"十二五"普通高等教育本科国家级规划教材

服装材料学·应用篇
（第2版）

吴微微　主编

中国纺织出版社

内 容 提 要

本套书分基础篇和应用篇两册，其特点是在介绍服装材料的类别、性能、风格及其构造方式和后整理等理论知识的基础上，将材料知识与服装造型风格、成衣生产工艺、市场和品质管理等应用知识相结合，这在同类教材中尚属首次，是一本较为完整、系统的理论与应用相结合、工艺和艺术与市场相结合的服装材料教材。它能帮助读者了解和认识服装材料，掌握服装材料再设计的能力。本书采用文字、表格、插图、网络教学资源相结合的编写方法，力求简洁、明了和形象教学，每章末附有专业术语、学习重点和思考题，启发和帮助读者学习和思考问题。

本书既可作为高等院校服装专业基础教材，也可作为服装业设计、技术、管理及科研人员的参考书。

图书在版编目（CIP）数据

服装材料学．应用篇/吴微微主编．--2版．--北京：中国纺织出版社，2016.1（2020.7重印）

"十二五"普通高等教育本科国家级规划教材

ISBN 978 - 7 - 5180 - 2185 - 7

Ⅰ．①服…　Ⅱ．①吴…　Ⅲ．①服装工业—原料—高等学校—教材　Ⅳ．①TS941.15

中国版本图书馆 CIP 数据核字（2015）第 282079 号

策划编辑：张　程　　责任编辑：杨　勇　　责任校对：余静雯
责任设计：何　建　　责任印制：王艳丽

中国纺织出版社出版发行
地址：北京市朝阳区百子湾东里 A407 号楼　邮政编码：100124
销售电话：010—67004422　传真：010—87155801
http://www.c-textilep.com
E-mail：faxing @ c-textilep.com
中国纺织出版社天猫旗舰店
官方微博 http://weibo.com/2119887771
北京通天印刷责任有限公司印刷　各地新华书店经销
2009 年 10 月第 1 版　2016 年 1 月第 2 版　2020 年 7 月第 3 次印刷
开本：787×1092　1/16　印张：10.75
字数：193 千字　定价：48.00 元

出版者的话

　　全面推进素质教育，着力培养基础扎实、知识面宽、能力强、素质高的人才，已成为当今教育的主题。教材建设作为教学的重要组成部分，如何适应新形势下我国教学改革要求，与时俱进，编写出高质量的教材，在人才培养中发挥作用，成为院校和出版人共同努力的目标。2011 年 4 月，教育部颁发了教高〔2011〕5 号文件《教育部关于"十二五"普通高等教育本科教材建设的若干意见》（以下简称《意见》），明确指出"十二五"普通高等教育本科教材建设，要以服务人才培养为目标，以提高教材质量为核心，以创新教材建设的体制机制为突破口，以实施教材精品战略、加强教材分类指导、完善教材评价选用制度为着力点，坚持育人为本，充分发挥教材在提高人才培养质量中的基础性作用。《意见》同时指明了"十二五"普通高等教育本科教材建设的四项基本原则，即要以国家、省（区、市）、高等学校三级教材建设为基础，全面推进，提升教材整体质量，同时重点建设主干基础课程教材、专业核心课程教材，加强实验实践类教材建设，推进数字化教材建设；要实行教材编写主编负责制，出版发行单位出版社负责制，主编和其他编者所在单位及出版社上级主管部门承担监督检查责任，确保教材质量；要鼓励编写及时反映人才培养模式和教学改革最新趋势的教材，注重教材内容在传授知识的同时，传授获取知识和创造知识的方法；要根据各类普通高等学校需要，注重满足多样化人才培养需求，教材特色鲜明、品种丰富。避免相同品种且特色不突出的教材重复建设。

　　随着《意见》出台，教育部于 2012 年 11 月 21 日正式下发了《教育部关于印发第一批"十二五"普通高等教育本科国家级规划教材书目的通知》，确定了 1102 种规划教材书目。我社共有 16 种教材被纳入首批"十二五"普通高等教育本科国家级教材规划，其中包括了纺织工程教材 7 种、轻化工程教材 2 种、服装设计与工程教材 7 种。为在"十二五"期间切实做好教材出版工作，我社主动进行了教材创新型模式的深入策划，力求使教材出版与教学改革和课程建设发展相适应，充分体现教材的适用性、科学性、系统性和新颖性，使教材内容具有以下几个特点：

　　（1）坚持一个目标——服务人才培养。"十二五"普通高等教育本科教材建设，要坚持育人为本，充分发挥教材在提高人才培养质量中的基础性作用，充分体现我国改革开放 30 多年来经济、政治、文化、社会、科技等方面取得的成就，适应不同类型高等学校需要和不同教学对象需要，编写推介一大批符合教育规律和人才成长规律的具有科学性、先进性、适用性的优秀教材，进一步完善具有中国特色的普通高等教育本科教材体系。

　　（2）围绕一个核心——提高教材质量。根据教育规律和课程设置特点，从提高学生分析问题、解决问题的能力入手，教材附有课程设置指导，并于章首介绍本章知识点、重点、难点及专业技能，增加相关学科的最新研究理论、研究热点或历史背景，章后附形式多样的习题等，提高教材的可读性，增加学生学习兴趣和自学能力，提升学生科技素养和人文素养。

（3）突出一个环节——内容实践环节。教材出版突出应用性学科的特点，注重理论与生产实践的结合，有针对性地设置教材内容，增加实践、实验内容。

（4）实现一个立体——多元化教材建设。鼓励编写、出版适应不同类型高等学校教学需要的不同风格和特色教材；积极推进高等学校与行业合作编写实践教材；鼓励编写、出版不同载体和不同形式的教材，包括纸质教材和数字化教材，授课型教材和辅助型教材；鼓励开发中外文双语教材、汉语与少数民族语言双语教材；探索与国外或境外合作编写或改编优秀教材。

教材出版是教育发展中的重要组成部分，为出版高质量的教材，出版社严格甄选作者，组织专家评审，并对出版全过程进行过程跟踪，及时了解教材编写进度、编写质量，力求做到作者权威，编辑专业，审读严格，精品出版。我们愿与院校一起，共同探讨、完善教材出版，不断推出精品教材，以适应我国高等教育的发展要求。

中国纺织出版社
教材出版中心

第 2 版前言

材料是服装的根本，服装材料学是服装教学中必不可少的基础课程。随着我国服装工业和服装教育的迅速发展，对服装工作者的专业素质提出了更高、更全面的要求。服装专业人员不仅要掌握材料学理论知识，而且要认知材料、了解材料市场和材料的品质管理，了解如何在服装艺术设计、服装生产及管理和服装生活中更好地应用材料。

本书分基础篇和应用篇两册，其特点是在介绍服装材料的类别、性能、风格及其构造方式和后整理等理论知识的基础上，将材料知识与服装造型风格、成衣生产工艺、市场和品质管理等应用知识相结合。其中，《服装材料学·应用篇》（第 2 版）在前一版基础上，更新了衣料市场信息，更替了部分衣料品质管理标准，修订了衣料再造、衣料与成衣技术的部分内容和知识点，同时替换了部分服装时尚图片。本书力求简洁、明了和形象教学，帮助读者了解材料、认识材料，掌握应用材料和材料再设计的能力。

本书由吴微微教授主编。第 1 版是在浙江省重点教材《服装材料及其应用》的基础上进行修订和完善。其中，应用篇中的第一章由史文训和吴微微执笔修订，第二章由吴微微、张扬和钟琳执笔修订，第三章由吴微微和罗中艳执笔修订，第四章由鲍卫君、吴微微和闫晶执笔修订，第五章由吴微微和王露芳执笔修订。应用篇所附网络教学资源由吴微微主编，张扬、胡锦霞、董洁参与制作。第三章图片由解新艳和罗中艳提供，第四章图片由闫晶、鲍卫君和解新艳提供，董洁参与了第四章部分插图的修改工作，严晶晶等研究生参与资料收集工作。第 2 版在第 1 版基础上进行修改和完善。其中应用篇的第一章由史文训修正，第三章第三节由罗中艳修改，第四章第五节由闫晶和陈良雨修正，第五章由王露芳修正。应用篇所附网络教学资源由吴微微主编，张扬和胡锦霞参与修改制作，解新艳提供了第三章中的部分图片。全书由吴微微和张扬统稿。

第 1 版前言

　　材料是服装的根本，服装材料学是服装教学中必不可少的基础课程。随着我国服装工业和服装教育的迅速发展，对服装工作者的专业素质提出了更高、更全面的要求。服装专业人员不仅要掌握材料学理论知识，而且要认知材料、了解材料市场和材料的品质管理，了解如何在服装艺术设计、服装生产及管理和日常穿着中更好地应用材料。

　　本书分基础篇和应用篇两册，其特点是在介绍服装材料的类别、性能、风格及其构造方式和后整理等理论知识的基础上，将材料知识与服装造型风格、成衣生产工艺、市场和品质管理等应用知识相结合，这在同类教材中尚属首次。本书是一本较为完整、系统的理论与应用相结合，工艺、艺术及市场相结合的服装材料教材。它能帮助读者了解材料、认识材料，掌握应用材料和材料再设计的能力。本书采用文字、表格、插图、光盘相结合的编写方法，力求使内容简洁、明了并形象直观，各章附有专业术语、学习重点和思考题，启发和帮助读者学习和思考问题，可作为服装专业基础教材，也可作为服装业设计、技术、管理及科研人员的参考书。

　　本书由吴微微教授主编，第 1 版是在浙江省重点教材《服装材料及其应用》的基础上进行修订和完善。其中，应用篇中的第一章由史文训和吴微微执笔修改，第二章由吴微微、张扬和钟琳执笔修改，第三章由吴微微和罗中艳执笔修改，第四章由鲍卫君、吴微微和闫晶执笔修改，第五章由吴微微和王露芳执笔修改。应用篇光盘由吴微微主编，张扬、胡锦霞、董洁参与制作。第三章图片由解新艳和罗中艳提供，第四章图片由闫晶、鲍卫君和解新艳提供，董洁参与了第四章部分插图的修改工作，严晶晶等研究生参与资料收集工作。第 2 版在第 1 版基础上进行修改和完善。其中应用篇的第一章由史文训修改，第三章第三节由罗中艳修改，第四章第五节由闫晶和陈良雨修正，第五章由王露芳修正。应用篇光盘由吴微微主编，张扬和胡锦霞参与修改制作，解新艳提供了第三章中的部分图片。全书由吴微微和张扬统稿。

　　由于编者水平有限，如有不足与疏漏之处，敬请指正。

编者

2015 年 1 月

教学内容及课时安排

章/课时	课程性质/课时	节	课程内容
第一章 （6课时）	专业理论 与市场调查 （6课时）		·衣料市场
		一	纺织业区域分布及流通体系
		二	纺织品信息收集
		三	衣料采购
第二章 （2课时）	专业理论 （2课时）		·衣料品质管理
		一	纺织品标准
		二	衣料品质检验及等级评定
		三	服装生产线中衣料品质管理
		四	衣料品质标识
第三章 （4课时）	专业理论 与应用认知 （8课时）		·衣料与服装
		一	衣料与服装单品
		二	衣料与服装生活
		三	衣料再造与服装
第四章 （4课时）			·衣料与成衣技术
		一	衣料缝制前准备
		二	衣料与服装样板造型
		三	衣料与服装裁剪工艺
		四	衣料与服装缝制工艺
		五	衣料与熨烫工艺
		六	典型衣料与服装加工技术
第五章 （2课时）	专业理论 （2课时）		·衣物保管
		一	衣物污染
		二	衣物洗涤
		三	衣物整理
		四	衣物储藏

注 各院校可根据自身的教学特色和教学计划对课程时数进行调整。

目录

专业理论与市场调查——

衣料市场

课程名称：衣料市场

课程内容：纺织业区域分布及流通体系

纺织品信息收集

衣料采购

课程时间：6 课时

教学目的：服装材料的主体是纺织衣料，而纺织衣料的生产和采购依托于纺织业和纺织品市场。通过本章的学习，使学生了解我国纺织业市场概况和纺织品的流通情况，学习和掌握纺织品信息情报收集和衣料采购的基本技能。

教学方式：多媒体讲授、市场调查和课堂讨论。

教学要求：1. 了解我国纺织业市场概况。

2. 了解纺织品的流通情况。

3. 掌握纺织品信息情报收集和衣料采购的基本技能。

第一章 衣料市场

衣料是服装的材料，服装工作者只有对衣料的认知、选购和使用有全面的了解才能更好地完成服装产品的设计和制作。因此，除了通过理论学习了解衣料的类别、风格、性能和使用等知识之外，还需通过市场认知和选购衣料。基于服装材料的主体是纺织衣料，而纺织衣料的生产和采购依托于纺织业和纺织品市场。因此，本章着重介绍纺织业区域分布及其流通体系、纺织品信息收集以及衣料采购等基本知识。

第一节 纺织业区域分布及流通体系

我国是纺织大国，拥有比较完善的纺织品流通体系。不同地区拥有不同的纺织产品特色，因此，了解我国纺织业区域分布及流通体系是科学、合理地选购衣料的前提。

一、纺织业区域分布情况

纺织品生产基地是应地理、文化、风俗及人力物力资源、经济发展等条件而形成的。如意大利科摩湖畔的印花染色；法国里昂的传统高级丝绸；英国苏格兰地区的粗纺毛织物；意大利的彼埃拉精纺毛织物等，都是世界上久负盛名的高级衣料生产基地。此外，20世纪80年代以后，随着世界纺织加工业的东移，东南亚地区成为世界上重要的纺织生产区域，亚洲各国纺织业在不断发展的基础上形成了各自独特的产业规模和格局。如日本和韩国的化纤业、我国的棉麻及丝绸业以及我国台湾地区的针织业等，在世界纺织业中均占有重要的地位。

我国拥有世界上规模最大、产业链最完整的纺织工业体系。从纤维原料（包括天然纤维和化学纤维）、纺纱、织布、染整到服装，形成了上下游衔接和配套生产，成为全球纺织服装的第一大生产国和出口国，东部沿海的浙江、江苏、山东、广东、福建、上海则是全国纺织服装业发展的主体。

自改革开放以来，我国东部沿海开始涌现出上百处以县、镇区域为依托，中小民营企业为主体，纺织经济占主导的纺织产业集群地区。其中，95%分布在浙江、江苏、广东、山东、福建等省，如著名的化纤产业集群区——浙江绍兴，毛纺产业集群区——江苏江阴，化纤布产业集群区——江苏盛泽等。目前，东部五省一市的纺织工业总产值已占全国纺织工业总产值的80%以上，资产占70%以上，利润近90%，企业数占70%以上，从业人员占70%，出口交货值占80%以上。

二、纺织品流通体系

与纺织生产链相呼应的是各链节产品：纤维原料、纱线、织物进入市场后，形成了纺织品流通体系。目前，国内纺织品的流通体系总体上由实体和流通渠道两部分组成，如图 1-1 所示。

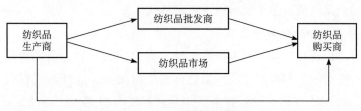

图 1-1 纺织品流通体系

（一）纺织品流通体系中的实体

我国纺织品流通体系中的实体包括纺织品生产商、纺织品批发商、纺织品市场和纺织品购买商等。

1. 纺织品生产商

纺织品生产商包括各种类型的纺织商品生产企业，如纤维生产厂、纺纱厂、织造厂和染整厂等。由于原料、设备、工艺及管理的特殊性，往往还可细分为不同的生产企业，如化纤厂、缫丝厂、棉纺厂、毛纺厂、麻纺厂、棉织厂、毛织厂、丝织厂、针织厂、非织造布厂和印染厂等，只有一些大型纺织企业兼纤维原材料、纺纱甚至织造、染整为一体，如棉纺织厂、毛纺织厂、染整厂或纺织染厂等。

需指出的是，目前，大多生产商不仅从事生产，同时拥有专门的销售部门。

2. 纺织品批发商

纺织品批发商是指销售纺织品的专门公司，具有一定的规模，其主要经营功能是在生产商与购买商之间架设桥梁，并在资金、物品流通、商品企划、营销及信息传递、商品质量管理、货期管理等方面发挥作用。其特点是在小批量多品种的市场趋势下，比一般生产商提供更多的品种和允许更小批量的服务。另外，还包括以纺织品设计与开发为依托的公司，根据市场需求按季推出该公司特有的产品系列，并以委托加工形式进行定点生产和销售。

3. 纺织品市场

纺织品市场由众多的生产商销售点和各种大小规模不一的纺织品贸易商组成，除了具有交易功能之外，还提供金融、货运、商务信息、品牌推广和质检等多种服务。改革开放以后，我国纺织品市场得以迅速发展。

4. 纺织品购买商

纺织品购买商主要包括专业服装公司和成衣加工企业。

在我国专业服装公司大多是指集商品企划、设计、生产及销售为一体的服装公司。少部分则与国外大多专业服装公司相似，是以企划、设计及营销功能为主，采取委托加工的形式，不含缝制加工生产。成衣加工企业主要是指缝制加工工厂，通常有三种类型：生产销售一体化的独立型企业，专业销售企业的联营工厂和单纯承接加工业务的加工型企业。

（二）纺织品流通渠道

商品的流通渠道是指将商品从生产领域转移到消费领域的诸环节的总和，它随社会、政治、经济、文化的发展而不断地变化。同样，我国纺织品流通渠道也随着社会的发展由计划经济时代的三级批发（省级纺织公司统一收购纺织厂的产品——县级纺织公司或百货批发公司——零售店）的单一形式发展到如今的多渠道形式。

目前，国内纺织品流通渠道主要有以下四种形式。

1. 纺织品生产商——纺织品购买商

这种形式主要出现在较大规模的生产商与购买商之间的交易，很多情况下是一种长期稳定的供求关系，如毛纺织厂与西服生产厂家之间的供求关系。这种形式有利于购买商降低成本，缺点是生产商的产品门类不可能齐全。而且，即使与多家生产商结成稳定的供求关系，也不可能包括所有产品门类。所以，大型购买商除了选择一定数量的生产商作为稳定供货商之外，还必须有其他的供货渠道。

2. 纺织品生产商——纺织品批发商——纺织品购买商

很多中小型购买商由于所需产品的批量不大、品种繁多，往往通过纺织品专业批发商进行采购，而大型购买商也有批量不是很大的品种需要通过纺织品专业批发商进行采购。这样既可以避免因拥有过多供应商带来的管理难度，同时又可省去不少商品质量管理、货期管理等工作。

3. 纺织品生产商——纺织品市场——纺织品购买商

大多中小规模的生产商由于没有稳定的销售渠道，往往通过市场上的批发销售商代销或自己在市场设置批发销售点兼零售点，这样不仅达到了在市场销售产品的目的，而且为日后直接与购买商建立稳定的供求关系起到了宣传的作用。另外，对购买商而言，即使拥有稳定的供货商也不见得能顺利地从中购取包罗万象的品种，而纺织品专业市场则是除获得稳定供货商之外一个很好的补充，对于中小规模购买商而言更是如此。

服装企业采购纺织衣料的形式是由纺织品的流通渠道决定的，目前国内服装企业采购纺织衣料的主要渠道统计如图1-2所示。

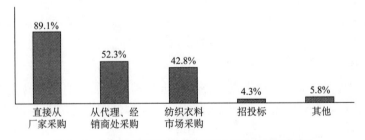

图1-2　目前国内服装企业采购纺织衣料的主要渠道统计

4. 网络流通

除传统的流通渠道外，随着电子商务的兴起，纺织品的网络销售也逐渐发展起来。目前主要有两种流通形式：一种是制造商通过大型电子商务平台进行面料销售，目前几乎所有面料制造商都加入了这种销售形式。另一种是企业通过建立本企业电子商务销售平台进行面料销售，这种情况较少，仅限于少量规模很大的知名品牌面料企业。

（三）纺织品批发市场

近年来，我国兴起了大量的纺织专业化批发市场。这些专业化批发市场达到了拥有几十万个摊位、几千万平方米营业面积和几千亿元年销售额的规模，在我国纺织品流通环节中，占有极其重要的地位。此外，这些专业化批发市场与各种纺织产业集群衔接紧密，除了与其他纺织品市场一样提供市场交易场所和金融、货运、商务信息、品牌推广和质检等多种服务之外，目前，不少专业化批发市场在开展传统业务的同时还依靠电子商务进行交易。它们已经成为我国纺织产业链上的一个重要环节，同时有效地降低了行业物流成本，是我国纺织产业提升竞争力的一个方向。

纺织品批发市场大都是纺织专业化市场中的一级市场，属于产业集群区形成的产地型市场，大多分布于浙江、江苏、广东、福建等纺织企业密集地区。

目前，我国纺织品批发市场分为纺织品综合批发市场，如浙江绍兴中国轻纺城、四川成都西南纺织市场、广东西樵轻纺市场等；原材料专门市场，如浙江绍兴钱清轻纺原料市场、宁波华东棉纱市场、中国（浙江桐乡）濮院羊毛纱市场、江苏南京羊毛市场等；棉布专门市场，如中国（浙江湖州）织里棉布市场、辽宁西柳棉布市场等；丝绸专门市场，如浙江湖州丝绸市场、中国（嘉兴）茧丝绸交易市场等；化纤布专门市场，如江苏盛泽中国东方丝绸市场等。

第二节　纺织品信息收集

纺织品信息可分为纺织品流行信息和纺织品市场信息。前者指反映纺织品流行倾向和趋势的信息，包括服装用各类纺织衣料花色品种的流行动态和趋势等预测性信息；后者指纺织品市场产品供求行情和纺织品市场产品价格行情及走势分析等各种信息。

一、纺织品流行信息

国际知名专业机构和展会发布的纺织品流行趋势预测，对于引导业界了解产品开发动向具有重要的指导意义，已经为欧美发达国家的纺织企业带来了巨大的商业价值。

流行趋势预测与发布是市场的产物，严格地说应该是有序的市场流通相互推动的产物。流行趋势引导市场，反过来市场则印证和推动流行，两者的相互作用推动着市场的进步和发展。国际上有许多机构如国际羊毛局、美国棉花公司和杜邦公司等都会定期发布各自的流行趋势预测，通过这些预测引导市场，树立它们在行业中的权威地位，进而推广自己的纤维产品。就面料生产企业而言，了解上游（纤维、纱线）流行趋势可以有针对性地开发新产品，降低生产的盲目性、减少浪费和积压，同时通过面料流行趋势发布，使服装生产商了解和认识自己的产品；对于服装生产者而言，了解流行趋势可以有目的地寻找符合大趋势的衣料，生产出符合流行趋势的服装引导消费；而消费者在选择服装时必然会或多或少地受到流行趋势的影响，那些与流行趋势相符的服装更容易被接受。于是，衣料、服装、消费者之间形成良性循环，而流行趋势正是在此循环中产生并发挥作用，当然，在此过程中媒体起着推波助澜的作用。

随着服装消费的日益个性化和时尚化，如何适应流行时装少批量、短周期的业务流程，有效地控制库存、减少失误以确保企业效益，已成为众多服装企业研究的重要课题。衣料作为反映产品的形象和品质内涵的重要因素，其流行趋势的预测和研究以及相关信息的收集、分析、整理和利用已成为确保服装企划成功的重要前提。

纺织品生产遵循纤维——→纱线——→衣料——→服装这一递进过程，每个环节的实施需要时间上的提前量。例如，服装生产商必须在应季前 3～6 个月向零售商展示自己的新款供其选择、修改和下单，以便有足够的时间组织生产；同样，衣料生产商要求纱线生产商提前 3～6 个月向自己提供样品进行选购。因此，针对变化的市场，国际流行趋势预测作为一个整体有如下规律：流行色公布机构提前 18～21 个月发布流行色信息，纤维和纱线供应商提前 12～16 个月发布纤维和纱线流行信息，衣料生产企业提前 12 个月发布衣料流行信息，成衣生产企业提前 3～6 个月发布服装流行趋势。

我国的流行趋势研究与发布工作起步不久，近年来举办了各种有关纺织和服装的展会、博览会、发布会和时装节，但在流行趋势发布方面还相对较弱。各纺织企业还尚未充分利用流行趋势信息进行产品开发并借助趋势发布的手段宣传和推介自己的产品，从而引导和刺激市场。值得肯定的是，每年的中国国际纺织面料及辅料博览会期间的"纺织面料流行趋势发布和中国流行面料入围产品展示"活动已成为推动我国流行趋势预测和发布工作的重要一步。随着工作机制的健全和力量的加强，我国正在不断地完善自己的流行预测权威机构和流行时尚，改变一味跟随国外发展的现状。

（一）纺织品流行信息发布会和衣料展会

每年世界各地要举办许多有关纺织、服装信息的各种发布会、展览会和商品博览会，见表 1-1，其主要目的是推出包括纱线、面料、服装等商品的色彩、图案、材质的流行风格。在展会现场专辟流行趋势发布或通过信息平台进行信息传递和趋势引导，是国际纺织衣料展会的惯用方式，起到服务参展商和观众的作用。国际著名的纺织专业展会（如法国 PV 面料展；EXPOFIL 纱线展；美国 IFFE 面料博览会；德国 INTER·STOFF 面料博览会等）所发布的流行趋势预测在很大程度上引导着国际纺织品市场的产品发展方向。

表 1-1　国际主要著名纱线展和衣料展

展会名称		地点	时间（月）
EXPOFIL	法国纱线展	巴黎	2、9
INTER·STOFF	德国面料博览会	法兰克福	3、10
PREMIERE VISION	法国面料博览会	巴黎	3、10
IDEABIELLA	意大利比耶拉精品毛纺展	米兰	3、9
IDEACOMO	意大利科摩丝绸展	米兰	3、9
MODA IN	意大利流行时装面料展	米兰	3、9
PRATO XPO	普拉多地区面料展	米兰	3、9
SHIRT AVENUE	棉织品及衬衫面料展	米兰	3、9
TEXTILMODA	西班牙国际流行面料展	马德里	3、9
TEXWORLD	法国巴黎国际面料展	巴黎	3、10
IFFE	美国纽约国际面料展览会	纽约	3、10
INTERSTOFF ASIA	中国香港国际纺织品博览会	香港	3、10

目前，国内主要衣料展会和成衣展会见表1-2。

表1-2 国内主要衣料展会和成衣展会

展会名称	地点	时间（月）
中国国际纺织品面料、辅料博览会	北京/上海	3、10
中国国际纺织纱线博览会	北京/上海	3、10
PREMIERE VISION 上海国际面料展	上海	4、10
PH Value&Pure Shanghai 时尚第一汇	上海	10
大连国际时装节	大连	10
上海国际时装节	上海	5
中国国际服装博览会	北京	3、9
宁波国际时装节	宁波	10
广州国际服装面辅料展览会	广州	8

此外，江苏、浙江、山东、广东、福建、深圳等纺织业发达地区每年都举办国际性的衣料展览会。

（二）纺织品流行信息刊物

纺织品流行信息刊物是设计、企划和采购人员的主要参考资料，主要以刊物和实物样本的形式分为色彩、衣料等类别。有关国内外纺织品流行信息的主要刊物及样本见表1-3。

表1-3 国内外纺织品流行信息的主要刊物及样本

项目类别		信息刊物及样本名称
国外刊物及样本	色彩刊物	*BILBILLE + ECHOS*（法），*C. A. U. S*（美），*CIM*（法），*CLAUDE*（法），*DESIGN INTELLI-GENCE：COLOR*（英），*HERE&THERE：COLOR*（美），*HUEPOINT*（美），*I. C. A.*（英），*PRO-MOSTYL：COLOR*（法），*PLUS TEAM：COLOR*（法），*PATTUNSKY：COLOR*（美）
	综合性刊物	*CHECK-UP*（意），*CARLIN&LESTYLISTIC*（法），*CIM*（法），*D. I. L*（英），*FASHIONDOS-SIER*（美），*HERE&THERE*（美），*INDEX*（英），*LAMAILLE*（法），*MODOM*（法），*PROMOS-TYL*（法），*PLUS TEAM*（法），*PATTUNSKY*（美）
	面料样本	*ALBERTO & ROY*（意），*FRANCITAL*（意），*GOLD*（意），*ITALTEX*（意），*MODE &TECHNIQUES*（法），*NOVOLTEX*（意），*SELECTION*（意），*TISSUS*（英）
国内刊物		《流行色展望》，《国际纺织品流行趋势》，《流行色》，《时尚面料与辅料》，《服装面辅料世界》等

二、纺织品市场信息

随着信息社会的到来，提供市场信息和市场交易服务的媒体越来越多，其中主要有纺织品市场信息网站和纺织品市场信息刊物，其功能主要是为商家提供国内外纺织品市场信息和交易服务。

（一）纺织品市场信息网站

纺织品市场信息网站主要为商家提供国内外纺织品市场最新价格行情、走势分析及交易情况等各种信息。

国内主要纺织品市场信息网站有中国纺织网、中国纱线网、全球纺织网、中华纺织网、第一纺织网、中国纺织经济信息网、中国棉纺织信息网、中国纺织商务网、中国针织网、中国化纤网、中国纺织采购网、丝绸网、中国绸都网、服饰资源网等。

（二）纺织品市场信息刊物

纺织品市场信息刊物主要用来传递国内外纺织品市场中纺织原料、纱线、坯布、面辅料等方面的综合信息以及有关方针政策、科研技术、统计数据、配额信息、市场价格行情及走势分析等方面的信息。

国内主要纺织品市场信息刊物有《中国纺织品价格通讯》、《纺织信息周刊》、《中国流行面料》、《服饰资源》、《服装辅面料商情》、《纺织服装市场资讯》、《服装面辅料采购指南》等。

三、纺织品信息收集渠道和方法

目前，国内服装企业越来越认识到纺织品信息在纺织服装市场活动中所起的重要作用，并力图从各种渠道获得准确的相关信息。纺织品信息收集的渠道主要有：供应商主动推销；采购商主动咨询供应商；面辅料市场；行业展会；同行交流；行业杂志；面辅料企业网站；行业专业网站；网络搜索引擎和大众传媒等。图1-3为目前国内服装企业获得纺织衣料信息渠道的统计。

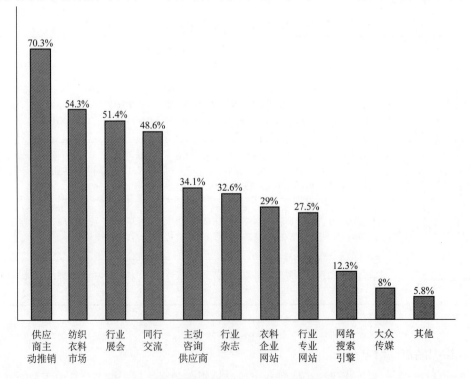

图1-3　目前服装企业获得纺织衣料信息渠道的统计

此外，纺织品信息收集还可以通过对消费者调查和商品信息调查等方法。前者包括对消费者进行问卷或访问调查，此方法的关键在于问卷和访问项目设计的科学性、问卷和访问者选择的合理性以及信息反馈的数量等问题。后者往往在有代表性的区域或专卖店设调查点，对来往人群的着装材料（衣料花色、品种）进行观察并用摄影、记录等形式进行调查；或通过商店的POS（电子销售系统）进行统计分析等，此方法要求调查者具有敏锐的观察能力。

第三节　衣料采购

采购合适的衣料是完成服装企划生产的基本保证。在此过程中需根据服装设计、制作及市场定位等要求确定衣料的花色品种和品质等级，选择合适的供应商，核定价格和交货期及签订合同等。

一、衣料采购一般要求
（一）衣料一般要求

基础篇绪论中已经指出，鉴于服装基本功能的要求，无论何种原材料构成的衣料，都应具备其基本条件，以适应服装设计、制作、市场、使用、保管等各环节的要求。因此，采购的衣料必须首先达到以下要求：

（1）衣料的强度、弹性、耐洗性、耐磨性、耐光性、耐热性及耐汗性等应符合服装基本功能和实用性能的要求。

（2）衣料的紧密度、厚度、身骨、悬垂性及表面性状等应符合服装造型轮廓设计的要求。

（3）衣料的组织、密度、紧度、厚度、伸缩性、滑脱性以及整烫的难易程度等应符合服装加工性能的要求。

（4）衣料的材质风格、色彩及图案应符合服装视觉效果设计的要求。

（5）衣料的通气性、吸湿性、透湿性、导电性等应符合服装卫生与安全性能的要求。

（6）衣料的伸缩性和质量引起的负重感、穿着时皮肤的接触感、服装合体度的适应性等应符合服装舒适性能的要求。

（7）衣料的风格、品质及价位应符合服装商品类别和价格定位的要求。

此外，由于服装品种的多样性，服装企业对衣料的需求是多种多样的。图1-4为目前国内服装企业对衣料需求情况的统计。

（二）衣料花色品种和品质等级定位

为了便于对衣料产品的认知、贸易及规范管理，国家标准中规定了各类纺织衣料产品的品名和品号。因此，服装生产者根据服装商品定位确定衣料的风格、性能及价位之后，还需确定相应衣料的品名、品号、花号、色号及品质等级，避免采购时出现差错。例如，企业和市场上通常所称的01双绉、02双绉和03双绉，虽然拥有相同的品名，这

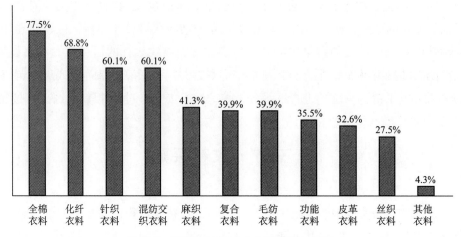

图 1-4　目前国内服装企业衣料需求情况统计

只能表明它们都是以桑蚕丝为原料、经线无捻、纬线 2S、2Z 交替排列、平纹组织交织，织物表面呈现随机性绉效应并伴有隐约横条纹的纺织衣料。但由于它们所用的经纬线细度和密度不尽相同，各自的质量也不相同，因此，其品号各不相同。也就是说，同一品名的衣料只是表明它们都拥有某类特征，但不能保证其拥有相同的技术规格参数。只有同时确定衣料的品名和品号，才能避免交易时出现差错。各类纺织衣料产品的编号和名称详见附录一至附录十二。

二、衣料供应商选择

确定衣料的花色品种和品质等级之后，需要选择供应商采购衣料。从目前发展来看，为适应日益多变的市场，衣料供应商与服装企业越来越趋于密切合作，共同深入研究消费者生活方式及市场动态，不断开拓新的市场，以取得双方的最高商业利润。

（一）供应商选择原则

衣料供应商选择的基本原则是"Q. C. D. S"原则，即质量，价格，交付与服务并重的原则。

1. 质量

质量是评估供应商的第一指标。一个质量控制体系完善的供应商，才能够持续供应质量稳定的产品。不符合质量要求的衣料，即使价格再低也不能选择。评估供应商供货质量的指标有三个：

（1）一次性检验合格率 FPY（First Pass Yield）：第一次检验通过的面料合格率。

$$FPY = （一次性检验合格的供应量/总供货）×100\%$$

其中：总供货量是指当季（或当年）收到供应商供应的衣料的总数量。

（2）平均合格率：当季或当年每批次衣料合格率的平均值。

平均合格率 =（当季或当年第一批衣料合格率 + 第二批衣料合格率 + … + 第 n 批衣料合格率）/n

（3）总合格率：当季或当年所供应的全部衣料的合格率。

$$总合格率 = 合格衣料总量/总供货量×100\%$$

以上一次性检验合格率、平均合格率、总合格率分值越高，表明供应商供应的衣料品质越好。

2. 价格

价格与质量是相匹配的，质量好的衣料，价格也相对较高。但对服装生产企业而言，在同等质量标准的前提下，一定会选择供货价格较低的供应商，这是控制生产成本的最主要方面。在对衣料供应商的供货价格作评估时，应根据市场上同类衣料的最高价和最低价，计算出平均价，并对拟订购的衣料进行成本分析，算出自行估价。然后与衣料供应商开展价格磋商，确定双方都能接受的价格，实现供需双方合作共赢。作为服装生产企业，在选定衣料供应商时，不应一味追求最低价格，甚至不惜损害供应商的利益，这种短期行为，不利于服装生产企业建立长期稳定的供应网络。

3. 交付

交付指的是供应商的供货能力。主要是评估供应商商品品种是否具有对本企业的针对性和品种多样性，能够提供丰富的商品系列；是否拥有足够的生产能力，人力资源是否充足，有没有扩大产能的潜力。评估衣料供应商的交付能力主要指标有 OTD（On Time Delivery）准时供货率：

$$OTD = （总供货量 - 提前供货量 - 逾期供货量）/ 总供货量 \times 100\%$$

服装生产企业要慎重选择准时供货率较低的供应商，因为供应商提前供货，会造成生产企业库存增加，而逾期交货，将会影响企业生产的顺利进行，甚至造成停工待料，无法准时出货。

4. 服务

服务是指供应商售前、售后服务的质量和水平。衣料供应的服务质量体现在供需双方的沟通、协调以及解决遇到问题的过程，没有量化的标准。因此，评估衣料供应商的服务质量主要从三个方面来考评：

（1）供应商服务的响应性。主要考评供应商回应客户要求的快慢程度，尤其是要考评供应商对一些订购量较小的客户，是否也能做到及时回应。

（2）供应商服务的保证性。主要是考评供应商自身具有的完成服务的能力、对客户的态度、与客户的有效沟通等，使得服务质量能够得到保证。

（3）供应商服务的换位思考。主要考评供应商能否从客户的角度出发，切实关注客户需求。服装生产企业可以通过综合衣料采购人员对衣料供应商的评价意见，形成对供应商服务质量的判断。

（二）供应商选择途径

寻求新的供应商可通过以下几个途径：

（1）每年的国际和国内衣料展示会、博览会。

（2）纺织品市场信息网站、纺织品市场信息刊物及其他相关电子网络平台搜索引擎。

（3）同行交流。

三、衣料价格和交货期核定

在衣料采购过程中，为了减少或避免失误，非常有必要了解各种衣料生产和流通的成本与周期，使服装商品的成本和价格合理化，生产周期有保障，从而增加服装商品的市场竞争力。

（一）价格核定

不同的产品由于原材料、加工环节及设备、助剂等构成要素的不同，其成本核算方法也有所不同。一般纺织衣料的成本价包括原材料、纱线加工、织造或编织加工、染色（匹染或纱染）、印花及后整理加工、成品包装、仓储运输、新产品试样、燃料及动力、厂房设备折旧、生产资金、贷款利率、企业工资及管理费、销售费等。

在实际运用中，可以将纺织衣料价格分解成以下几个因素：

（1）原料价：一般以成品纱（丝）或坯布为依据。

（2）综合加工费：指加工过程中的各种直接费用、间接费用及利税等，其在一定的时期内具有相对稳定性。

（3）品牌质量档次、批量大小和流通中间费等：目前，一般情况下，我国常规纺织衣料的品牌质量档次价差在 15% 以内，批量大小价差在 15% 以内，中间商流通费用为 10% ~20%。

在实际运用中，对纺织衣料价格的把握主要基于一定时期内的基准价格和各地纺织品批发市场的价格行情，再结合上述因素进行核定。例如，某种全棉色织布上期购入价格为 12 元/m，其用纱量约为 22kg/100m，在加工成本和流通费用等因素保持不变，棉纱价格已上涨 5000 元/t 的情况下，本期每米全棉色织布价格估算为：$12 + 5 \times 22 \div 100 = 13.10$（元）。

（二）交货期核定

衣料准时交货是服装生产顺利进行的重要保证。一般情况下（正常批量）完成纺织衣料织造和印染加工所需的时间如下：

（1）定织和色织产品：25 ~30 天。

（2）染色产品：10 天。

（3）印花产品：20 ~25 天。

四、衣料采购合同签订

需强调的是，采购方案（涉及采购方、供应商、花色品种、品质等级、标准号、数量、价格、交货时间及交货地点等）的确定需要以正规合同的形式签订。

❋ 专业术语

中文	英文	中文	英文
生产商	Maker	纺织品市场	Textile-markets
批发商	Jobber	流通渠道	Circulation Channel
购买商	Buyer	供应商	Supplier

✳ 学习重点

1. 了解我国纺织业市场概况。
2. 了解纺织品的流通情况。
3. 掌握纺织品信息情报收集和衣料采购的基本技能。

✳ 思考题

1. 我国纺织业的主要产区分布在哪里?
2. 我国各地区有哪些主要的纺织专业市场?
3. 国内纺织品的流通渠道主要有哪些形式?
4. 如何获得纺织衣料信息?
5. 从纺织到服装各环节实施的提前量是多少?
6. 服装企业对供应商的商品定位有哪些要求?
7. 寻求衣料供应商有哪些途径?
8. 采购衣料的一般要求有哪些?
9. 实际运用中把纺织衣料价格分解成哪些因素来考虑?
10. 衣料采购方案最后以何种形式确定,其中包括哪些主要内容?

专业理论——

衣料品质管理

课程名称： 衣料品质管理

课程内容： 纺织品标准

衣料品质检验及等级评定

服装生产线中衣料品质管理

衣料品质标识

课程时间： 2 课时

教学目的： 衣料品质直接影响服装品质。通过本章的学习，使学生了解纺织品标准及其对衣料品质检验规则、检验项目及等级评定方法的要求。同时，从实际应用角度出发，了解服装企业对衣料品质管理的方法和国家标准对衣料品质标识的要求。

教学方式： 多媒体讲授及实物、图片认知。

教学要求： 1. 了解衣料的品质检验规则、检验项目及等级评定方法。

2. 了解国家标准对成衣材料品质的要求以及企业衣料品质管理的方法。

3. 了解衣料的组成标识、品质及特性标识以及服装使用说明标识。

第二章 衣料品质管理

衣料品质直接影响服装品质。对衣料品质的认知有助于衣料的选择、贸易以及服装的设计、生产、使用、保管等。

所谓衣料品质，即为满足物品使用目的，针对被评价商品所制定的固有性质及性能的评判管理体系。因此，衣料产品的品质管理，包含了应使用者要求的商品质量管理（如面辅料品质检验、等级评定等品质评判管理和服装生产过程中的面辅料质量管理）基准及商业服务基准（如品质标志、标记或使用说明等）。此章主要根据我国的纺织品标准，介绍纤维类衣料品质管理的基准与方法。同时，从实际应用的角度出发，简单介绍服装厂的衣料品质管理方法。

第一节 纺织品标准

纺织品标准是以纺织科学技术和纺织生产实践为基础制定的，由公认的机构批准发布的关于纺织生产技术的各项统一规定，是纺织工业现代化生产和管理的重要手段。纺织品标准的表现形式有文字表达（标准文件）及实物和文字说明表达（标准样品，简称标样）两种。前者如丝织品标准文件、毛织品标准文件等，后者如棉花分级标样、色牢度褪色和沾色分级样卡等。需指出的是，无论是服装还是衣料品质管理基准与方法都是以相应的纺织品标准为依据的。

纺织品标准有不同的级别和类别，不同的标准对应的商品质量基准以及品质管理体系均有所不同。因此，实际使用中应多加注意。

首先，纺织品标准具有等级和使用范围的区分。现行的纺织品标准按批准机构的级别分为国际标准、区域标准、国家标准、行业标准、协会标准及企业（事业）标准等，按执行要求分为强制性标准和推荐性标准，目前纺织行业常用标准及代号见表2-1。

表2-1 常用标准及代号

代号	标准名称	代号	标准名称
GB	中华人民共和国强制性国家标准	GB/T	中华人民共和国推荐性国家标准
FZ	中华人民共和国强制性纺织行业标准	FZ/T	中华人民共和国推荐性纺织行业标准
ISO	国际标准化组织标准	EN	欧盟委员会标准
ANSI	美国国家标准	ASTM	美国材料与试验协会标准

续表

代号	标准名称	代号	标准名称
AATCC	美国染化工作者协会标准	BS	英国国家标准
JIS	日本国家标准	DIN	德国国家标准
NF	法国国家标准	ΓΟCΤ	俄罗斯国家标准
IWS	国际羊毛局标准	IWTO	国际毛纺织品组织标准
BISFA	国际化学纤维标准化局标准	EDANA	欧洲非织造品协会标准

我国的商品检验法规定，贸易过程中对商品品质的认定应按合同或协议规定。若合同或协议中没有注明具体的标准、指标或要求，则依次按国家标准、相关的行业标准、企业标准执行。我国商品检验标准正趋于完善，目前使用的纺织品国家标准（简称国标，以 GB 和GB/T 表示），特别是相关的物理性能测试标准，已基本与国际标准接轨。

其次，纺织品标准具有很强的针对性。目前，我国执行的纺织品标准有很多。就有关服装材料的纺织品标准而言，按用途可分为面料、辅料；按构成方法可分为机织物、针织物、非织造布、绗缝制品；按原料可分为棉织物、毛织物、丝织物、麻织物、化纤织物；按工艺可分为本色、染色（印染）和色织；按品种可分为灯芯绒、平绒、泡泡纱、牛仔布等各种标准。所以，服装工作者在实际应用中应根据具体的衣料类别使用相应的标准。

纺织品标准具有时间性。随着行业的发展和产品的不断更新，纺织品管理工作者将会组织业内专家对相应的标准进行修订。因此，服装工作者在实际应用中应及时跟踪和使用新标准。

第二节 衣料品质检验及等级评定

反映衣料品质的常用标志是等级。衣料等级的评定依据则是严格、规范的品质检验。品质检验是借助于一定的手段和方法，通过对各种性能指标的测试，并将测试结果与规定标准相比较，由此对品质进行评定得出结果的一种判断过程。作为品质管理的重要组成部分，衣料生产企业和制衣企业都需进行衣料品质检验。前者作为成品检验，通常以达到规范的产品外观及规格指标为目的；衣料对制衣企业而言则为服装的材料，衣料的质量直接影响服装的生产和质量。所以，制衣厂通常按国标对服装材料品质的基本要求，以及服装产品在设计、裁剪、缝制加工过程中的具体要求。

衣料的品质检验是按相应的纺织品标准进行的。产品不同，其检验方法、条件及评定方法也不同。本部分以桑蚕丝织物为例，介绍衣料品质检验的规则、项目、方法及等级评定，其他产品的品质检验和等级评定方法可参照相应的国家标准。

一、衣料品质检验规则

GB/T 15552—2007《丝织物试验方法和检验规则》规定，桑蚕丝织物品质检验分出厂检验、型式检验和复验，各种检验都有相应的规则，见表2-2。

表2-2　桑蚕丝织物检验规则

类别	检验项目	检验组批	评定规则
出厂检验	产品标准要求中的外观质量、密度偏差率、质量偏差率、尺寸变化率、色牢度、pH值、异味项目	以同一合同或生产批号为同一检验批次，当同一检验批数量很大，需分期、分批交货时，可以适当分批，分别检验	纬向密度偏差率和外观质量按匹评定等级，其他项目按批评定等级，以所有试验结果中最低等级评定样品的最终等级　批纬向密度偏差率和外观质量的判定按GB/T 2828.1—2003《计数抽样检验规范》中一般检验水平Ⅱ规定进行，接收质量限AQL为2.5。批内在质量和外观质量均合格时判定为合格批，否则判定为不合格批
型式检验	产品标准的全项	以同一品种、花色为同一检验批	
复验	如交收双方对检验结果有异议时，可进行一次复验。复验按首次检验的规定进行，以复验结果为准		

二、衣料品质检验项目及方法

（一）品质检验项目

衣料的品质包括内在品质和外观品质。根据标准规定，纤维类衣料的品质检验项目见表2-3。

表2-3　纤维类衣料的品质检验项目

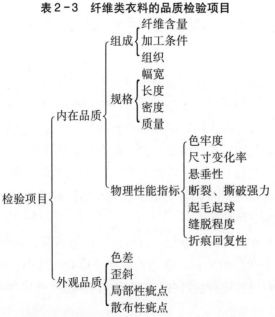

表2-4给出了丝织物的品质检验项目，其他织物的品质检验项目参见附录十三至附录十八。

表2-4 丝织物品质检验项目

织物类别	内在品质													外观品质
	幅宽	密度	质量	染色牢度	尺寸变化率	断裂强度	折痕回复率	起毛起球	撕破强力	弯曲刚性	悬垂系数	抗湿性	抗渗水性	疵点
桑蚕丝织物	●	●	●	●	●	●								●
桑蚕绸丝织物	●	●	●	●		●								●
桑蚕双宫丝织物	●	●	●	●		●								●
桑蚕绢丝织物	●	●	●	●		●								●
柞蚕丝织物	●	●	●			●								●
再生纤维素丝织物	●	●	●	●		●								●
涤纶仿真丝织物	●	●	●	●	●			●		●	●			
防水锦纶丝织物	●	●	●	●	●					●		●	●	
合成纤维丝织物	●	●	●	●	●				●	●	●			
出口合成纤维丝织物	●	●	●	●	●	●	●	●						●

（二）外观品质检验方法

主要指色差、歪斜和疵点（如经柳、缺经、叉绞路、宽急经、多少起、纬档、多少纬、皱印、色泽深浅、纤维损伤、破损与整修不净）的检验方法。衣料外观品质的检验虽属主观检验，但也需要遵循相应的要求。据 GB/T 15552—2007《丝织物试验方法和检验规则》，桑蚕丝织物的外观疵点检验方法可采用经向检验机或纬向台板检验。具体规定如下：

（1）光源采用日光荧光灯时，台面平均照度 600～700lx，环境光源控制在 150lx 以下，纬向检验可采用自然北向光，平均照度在 320～600lx。

（2）采用经向检验机检验时，验绸机速度为（15±5）m/min，纬向检验速度为15m/min。

（3）检验员眼睛距绸面中心约 60～80cm，幅宽 114cm 及以下的产品由一人检验，幅宽 114cm 以上的产品由两人检验，或检验速度减少一半。

（4）外观疵点以绸面平摊正面为准，反面疵点影响正面时也应评分，疵点大小按经向或纬向最大值量计。

（三）内在品质检验方法

与外观品质检验相仿，纤维衣料内在品质指标的检测须按相应标准严格操作。所不同的是，纤维衣料内在品质检验方法主要指产品规格及物理性能的试验方法，因此，其检测方法和结果更为严谨和客观。据 GB/T 15552—2007《丝织物试验方法和检验规则》，桑蚕丝织物试验方法见表2-5。

表2-5 桑蚕丝织物试验方法

试验名称		试验标准编号	备 注
长度		GB/T 4666	日常检测可按检验时实际长度记录（不足10cm不计）
幅宽		GB/T 4667	日常检测可将全幅展开，在每匹的中间和距离两端至少3m处测量三处的宽度（精确至0.1 cm），求其算术平均值（精确至一位小数）
密度		GB/T 4668	日常测定使用斜线光栅密度镜，在绸匹中间和两端3m处进行。经密在每匹的全幅同一纬向三个不同位置（两端各距边15 cm 处和中间）测试；纬密在每匹四个不同位置进行测试，然后分别求其算术平均值
质量		GB/T 4669	
断裂强力		GB/T 3923.1	
撕破强力		GB/T 3917	
折痕回复性		GB/T 3819	
弯曲刚性		FZ/T 01054.4	
悬垂性		FZ/T 01045	
起毛起球		GB/T 4802.1	
水洗尺寸变化率		GB/T 8628、GB/T 8629、GB/T 8630	合成纤维丝织物洗涤程序采用4A，丝绒、纱、绡织物洗涤程序采用仿手洗，其他丝织物采用7A。干燥方法采用A法
干洗尺寸变化率		GB/T 19981.2	
色牢度	耐洗	GB/T 3921	
	耐水	GB/T 5713	
	耐汗渍	GB/T 3922	
	耐摩擦	GB/T 3920	
	耐光	GB/T 8427	
	耐热压	GB/T 6152	采用潮压法，纯合成纤维丝织物（锦纶除外）温度150 ℃，其他丝织物温度110℃
	耐干洗	GB/T 5711	
抗渗水性		GB/T 4744	
抗湿性		GB/T 4745	
绒毛耐压回复率		GB/T 15552 附录 A	
绒毛高度		GB/T 3820	
阻燃性		GB/T 5455	阻燃丝织物的燃烧性能按 GB/T 5455 进行，其他服用丝织物的燃烧性能按 GB/T 14644 进行
纱线抗滑移性		GB/T 13772.1	
甲醛含量		GB/T 2912.1	
pH 值		GB/T 7573	
异味试验		GB 18401 中 6.7	

注 表中只给出了被测试指标的试验标准号，附录十九至附录二十四较为详细地介绍了色牢度的测试方法，并对尺寸变化率、起毛起球及其他等性能的测试给予简单介绍。

三、衣料等级评定方法

桑蚕丝织物的等级评定要求包括密度偏差率、质量偏差率、断裂强力、纤维含量偏差、纰裂程度、水洗尺寸变化率、色牢度等内在质量和色差（与标样对比）、幅宽偏差率、外观疵点等外观质量。桑蚕丝织物的评等以匹为单位。质量偏差率、断裂强力按批评等，密度偏差率、外观质量按匹评等。最终品质以内在质量、外观质量指标中最低等级评定。其等级分为优等品、一等品、二等品、三等品，低于三等品的为等外品。

据 GB/T 15551—2007《桑蚕丝织物》的内在质量分等规定见表2-6。

表2-6　桑蚕丝织物内在质量分等规定

项目			指标			
			优等品	一等品	二等品	三等品
密度偏差率（%）			±3.0	±4.0	±5.0	±6.0
质量偏差率（%）			±3.0	±4.0	±5.0	±6.0
断裂强力（N）			200			
纤维含量偏差，绝对百分比（%）		纯桑蚕丝织物	0			
		交织织物	±5.0			
纰裂程度，定负荷(mm，≤)		52g/m² 以上，67N	6			
		52g/m² 及以下织物或67g/m² 以上的缎类织物，45N				
水洗尺寸变化率（%）	练白	绉类　经向	+2.0~-8.0	+2.0~-10.0	+2.0~-12.0	
		绉类　纬向	+2.0~-3.0	+2.0~-5.0	+2.0~-7.0	
		其他　经向	+2.0~-4.0	+2.0~-6.0	+2.0~-8.0	
		其他　纬向	+2.0~-2.0	+2.0~-3.0	+2.0~-4.0	
	印花、染色		+2.0~-3.0	+2.0~-5.0	+2.0~-7.0	
染色牢度（级，≥）	耐水 耐汗渍	变色	4	3，4		
		沾色	3，4	3		
	耐洗	变色	4	3，4	3	
		沾色	3，4	3	2，3	
	耐干摩擦		4	3，4	3	
	耐湿摩擦		3，4	2，3（深色）	2，3（深色）	
	耐光		3，4	3		

注 1. 纱、绡类织物不考核。桑蚕丝与醋酸丝的交织物、经过特殊后整理工艺的桑蚕丝织物或纤度（D）与密度（根/10cm）之乘积 ≤2×10⁴ 时，其断裂强力可按协议执行。

2. 当一种纤维含量明示值不超过 10% 时，其实际含量应不低于明示值的 70%。

3. 纱、绡类织物和 67g/m² 及以下的缎类织物、经特殊工艺处理的产品不考核。

4. 纱、绡类织物不考核。纺类织物中成品质量大于 60g/m² 者，绉类、绫类织物中成品质量大于 80g/m² 者，经、纬均加强捻的绉类织物，可按协议考核。1000 捻/m 以上的织物按绉类织物考核。

5. 大于 GB 4841.1—2006 中 1/1 标准深度为深色。

据 GB/T 15551—2007《桑蚕丝织物》的外观质量分等规定与外观疵点评分规定见表2-

7、表 2-8。

表 2-7　桑蚕丝织物外观质量分等规定

项　　目	优等品	一等品	二等品	三等品
色差（与标样对比）（级，≥）	4	3，4		3
幅宽偏差率（%）	±1.5	±2.5	±3.5	±4.5
外观疵点评分限度（分/100 m², ≤）	15	30	50	100

表 2-8　桑蚕丝织物外观疵点评分规定

疵点类别	分　数			
	1	2	3	4
经向疵点	8cm 及以下	8~16cm	16~24cm	24~100cm
纬向疵点	8cm 及以下	8cm 以上至半幅		半幅以上
纬档		普通		明显
印花疵	8cm 及以下	8~16cm	16~24cm	24~100cm
污渍、油渍、破损性疵点		2cm 及以下		2cm 以上
边疵、松板疵、撬小	经向每 100cm 及以下			

注　1. 纬档以经向 10cm 及以下为一档。
　　2. 外观疵点的评分采用有限度的累计评分。
　　3. 外观疵点长度以经向或纬向最大方向量计。
　　4. 纬斜、花斜、幅不齐 1m 及以内大于 3% 评 4 分。
　　5. 同匹色差（色泽不均）达 GB 250 中 4 级及以下，1m 及以内评 4 分。
　　6. 经向 1m 内累计评分最多 4 分，超过 4 分按 4 分计。
　　7. "经柳"普通，定等限度二等品，"经柳"明显，定等限度三等品。其他全匹性连续疵点，定等限度为三等品。
　　8. 严重的连续性病疵每米扣 4 分，超过 4m 降为等外品。
　　9. 优等品、一等品内不允许有轧梭档、拆样档、开河档等严重疵点。

其他产品的等级类别见表 2-9。

表 2-9　部分产品的等级类别

产品名称	等级类别
色织棉布	优等、一等、二等、三等、等外品
棉印染布	优等、一等、二等、三等、等外品
棉本色布	优等、一等、二等、三等、等外品
精梳毛织品	优等、一等、二等、三等、等外品
粗梳毛织品	优等、一等、二等、三等、等外品
精梳高支轻薄型毛织品	优等、一等、二等、三等、等外品
粗梳羊绒织品	优等、一等、二等、三等、等外品
羊绒针织品	优等、一等、二等、三等、等外品

续表

产品名称	等级类别
防虫蛀毛纺织产品	合格、不合格品
桑蚕丝织物	优等、一等、二等、三等、等外品
亚麻色织布	优等、一等、二等、三等、等外品
亚麻印染布	优等、一等、二等、三等、等外品
苎麻印染布	优等、一等、二等、三等、等外品
出口麻棉色织布	优等、一等、二等、三等、等外品
锦纶丝织物	优等、一等、合格品
涤纶针织面料	优等、一等、二等、三等、等外品
合成纤维丝织物	优等、一等、二等、三等、等外品
再生纤维丝织物	优等、一等、二等、三等、等外品
出口合成纤维丝织物	A 级、B 级
出口针织布	合格、不合格品
针织人造毛皮	优等、一等、二等、三等、等外品
绗缝制品	优等、一等、二等品
毛型复合絮片	优等、一等、合格、不合格品
喷胶棉絮片	一等、合格品
薄型黏合法非织造布	一等、合格品

第三节　服装生产线中衣料品质管理

服装企业在遵循国家或行业相关纺织品标准的同时，还会根据自身的实践经验和条件，制定相应的衣料品质管理方法和标准。

在服装开发初期，为了减少和避免衣料品质因素带来的影响，供需双方需要及时沟通与协作。一方面，供应商需要提供衣料的相关性能资料，并了解衣料在具体服装中的用途等信息；另一方面，服装企业需要根据款式和工艺等要求对有关的性能进行测试，并根据测试数据修改设计方案和制定相应的工艺方法（详见第四章第一节和第二节）。因此，无论是服装开发阶段，还是后续的服装大货生产过程中的衣料进厂、加工生产和成衣检验，衣料品质管理一直伴随着整个服装生产线。

一、衣料进厂检验与保管

衣料生产厂（供应方）在衣料出厂时需按标准进行各项品质指标的检验，并提供服装企业（购货方）指定的认证机构出具的成分及物理性能指标合格检测报告。若为非服装企业指定的认证机构出具的合格检测报告，且购货方对检验结果判定有异议时，购方有权要求复验，以确保其利益。同时，在服装厂入库前，购货方还需对衣料做常规入库检验。

面料入库检验主要包括规格与数量的复核、疵点检验、色差与纬斜检验等内容。规格与数量的复核，主要检查出厂标签上的品名、品号、色泽、规格、数量及两头印章等内容；疵点检验，主要是检验服装材料中的织造疵点、染整疵点和印花疵点等，常用的检验方式有筒卷包装衣料的验布机检验和折叠包装衣料的台板检验两种；色差检验，主要有同色号中各匹衣料之间的色差、同匹衣料前中后各段的色差、同匹衣料左中右（布幅两边与中间）之间色差、素色衣料正反面的色差等四种；辅料入库检验，主要核对品名、色泽、规格、数量等是否与实际相符，再查看是否有外观损坏和色差等情况。

衣料经入库检验合格后，方可进入仓库保存。仓库在硬件上需要安装一定数量的通风等设备，用于调节温度和通风散潮。衣料保管过程要求按质料和用途分类收放，同时要做好防潮、防霉、防光和防虫蛀等方面的保护措施，对于起毛和起绒类面料必要时还可悬挂放置，高档的丝绸和呢绒类面料可用薄膜密封。

二、生产过程中衣料检验

衣料进入生产或加工环节后，还需要及时对衣料裁片质量、服装半成品的缝制和熨烫质量进行检验。衣料裁片质量检验，主要是对裁床上不同层面衣料裁片的形状、尺码、纹路和色差等进行检查，对不合格裁片需改裁、配片或补裁，合格后方可按要求标号和打包；服装半成品缝制检验，主要是对照样板检查领、袖、袋等部件成形后是否符合设计要求，衣料缝合后外观是否平整，缝缩量有无过少或过量现象，以及缝迹是否符合质量规定等；服装半成品熨烫检验，除了检查熨烫成型质量是否符合设计要求外，还需检查衣料上有无烫黄、污迹、沾污等现象以及黏衬是否存在起泡和渗胶等问题。

三、服装成品对衣料品质要求

服装加工成型后，需要对其外观质量、内在质量以及包装标识等进行全面检查。

外观质量检验主要包括款式外形、裁剪质量、衣料对条对格等。款式外形，主要对照款式效果图和生产工艺单检查衣领宽窄和大小、门襟和口袋位置、袖型、腰臀部位曲线造型、纽扣位置及色彩、数量等；裁剪质量，除了检查部件形状是否正确外，还需着重检查衣料布纹是否符合设计要求，包括布纹有无歪斜、驳头部位的外口布纹是否整齐、口袋及袋盖的布纹是否与衣身相符、毛绒衣料各部位倒顺方向是否一致等；对条对格，需要检查左右衣领、前衣身的上下左右、前后衣片、衣身侧缝、衣袖、左右袖头和腰头、口袋与衣身、下装的前后（裙）裤身等位置上的条格是否一致。

内在质量检验主要检查缝迹、缝份量、止口、套结、衣料折边量、锁眼以及缝线、钉扣和黏衬等质量问题。

包装标识检验主要对商标、尺码标签、成分和使用方法标签的位置、缝线、针距等进行检查。

各类服装（成衣）的材料品质要求见表2-10。

表2-10　各类服装（成衣）材料品质要求

服装标准名	面料品质要求										辅料品质要求				
	缩水率	色牢度	对条对格	倒顺绒向一致性	色差	纬斜	防水	防毡缩	外观疵点	衬布与面料配伍	干洗、水洗、收缩率、起皱、黏合衬剥离强度	里料与面料配伍	缝线与面料配伍	填充料	紧固等附件要求耐用、光滑、无锈
衬衫	●	●	●	●	●	●			●				●		
男女单服装			●	●	●				●	●					●
男女棉服装			●	●	●				●			●			
男女儿童单服装	●		●	●	●				●						●
优质男西服套装	●		●	●	●				●			●			●
优质女西服套装	●		●	●	●				●			●			●
男西服、大衣			●	●	●				●		●干	●	●		
女西服、大衣			●	●	●				●		●干	●	●		
男女西裤			●	●	●				●						
羽绒服装		●			●			●	●				●	●	
夹克	●		●		●				●			●			
人造毛皮服装	●				●				●						●
牛仔服装									●				●		
风雨衣	●				●		●		●		●水	●			
连衣裙、裙套	●	●	●		●				●			●			
绣衣					●				●						
睡衣套	●	●	●	●					●			●	●		

第四节　衣料品质标识

在衣料流通、使用和管理过程中，存在一个不可忽视的品质认知问题。衣料贸易需要正确认知衣料产品及其品质；服装生产者需要严格把握衣料品质以提高服装品质并节约服装成本；服装消费者需要识别服装的品质，从而正确选择、使用、保管产品。实际上，使用者在选用服装、衣料等纺织产品时，往往难以鉴别产品的真伪和品质的优劣，缺乏了解产品管理方面的知识和能力。所以，为保护消费者权益，企业（包括衣料生产企业和服装生产企业）有义务以规范的形式提供产品的品质标识及使用和保管方面的标识，以帮助使用者认知产品，正确使用和保管产品。使用者本身也需加强品质认知的能力。

广义的衣料品质标识，其内容包括对包装和运输时所标记的品质信息以及在使用过程中接受的有关使用和保管的信息的认知。狭义的衣料品质标识，其内容仅包括品质本身的信息标识。衣料品质的标识通常用文字或文字和图形的组合，以说明书、标签、图形符号等形式表达，这在有关的纺织品标准中均有所规定。但作为衣料产品的品质标识和作为服装产品中衣料产品的品质标识，其内容和形式均有所不同，见表2-11。纱线细度的表示在《服装材料学·基础篇》第二章中详述，这里主要介绍衣料产品的品名编号、材料组成、品质特性、使用说明等品质标识。

表2-11　衣料品质标识的内容及形式

标识类别		标识内容	标识形式
衣料（布匹）品质标识		品名、品号、品级、纤维原料、纱线细度、长度、幅宽、密度、缩水率、花号、色号、包号等	综合品质一般以梢印、吊牌、唛头、说明书等形式出现在衣料的包装上；局部疵点则在相应的布边上以线标和箭头表示
服装产品中的衣料品质标识	材料组成标识	标明服装面、辅料所用原料及比例	通常以标签的形式缝合于上衣侧缝、门襟以及裤子袋口等处
	品质及特性标识	标明服装面、辅料尺寸变化率、阻燃、防水、防蛀等性能	
	使用标识	标明服装洗涤、熨烫、干燥和保管的方法与注意事项	

一、衣料材料组成标识

纤维材料是服装材料的重要构成因素，它决定了衣料的性能及其品质管理方法。无论是衣料还是服装产品，纤维材料都是其品质标识中的重要组成部分。材料组成标识的内容主要有纤维名称、含量（比例）等。其标识形式主要是在适当的位置上使用标准化的用语和（或）标志或图形符号。具体的要求和方法参见 FZ/T 01053—2007《纺织品　纤维含量的标识》。

（一）材料类别标识

材料类别标识无论在衣料（布匹）还是服装产品中都是不可缺少的。表2-12给出了常用纤维用语的中文、英文、日文对照。

表2-12　常用纤维用语

纤维类别	纤维名称	用　语		
		中文	英文	日文
天然纤维	棉	棉	Cotton	木綿（もめん）
		木棉	Kapok	カポック
	麻	苎麻	Ramie	ラミー
		亚麻	Flax	亜麻（あま）、リネン
		黄麻	Jute	黄麻（二うま）
		大麻	Hemp	大麻（たいま）
		槿麻	Kenaf	ケナフ
		剑麻	Sisal	シザル（あさ）
	丝	桑蚕丝	Mulberry Silk	シルク
		柞蚕丝	Tussah Silk	タッサー・シルク
	毛	羊毛	Wool	ウール
		羊驼毛	Alpaca Hair	アルパカ
		山羊绒	Cashmere Wool	カシミヤ
		山羊毛	Goat Hair	カシミヤ（け）
		马海毛	Mohair Wool	モヘア
		安哥拉兔毛	Angora Rabbit Wool	アニゴラ・ラビット・ヘアー

续表

纤维类别	纤维名称	用　语		
		中文	英文	日文
人造纤维	黏胶	黏胶纤维	Polynosic	ビスコース繊維
	醋酯	醋酯纤维	Acetate	アヤテート・ヤルロース・フアィバー繊維
		三醋酯纤维	Triacetate	アヤテート繊維
	铜氨	铜氨纤维	Cupra	キュプラ繊維
合成纤维	涤纶	聚酯纤维	Polyester Fiber	ポリェステル繊維
	锦纶	聚酰胺纤维	Polyamide Fiber	ナイロン繊維
	腈纶	聚丙烯腈纤维	Polyacrylic Fiber	アクリル繊維
	维纶	聚乙烯醇缩甲醛纤维	Polyvinyl Alcohol Fiber	ポリビニル・アルコール繊維
	氯纶	聚氯乙烯纤维	Polyvinyl Chloride	ポリ塩化ビニル繊維
	丙纶	聚丙烯纤维	Polypropylene Fiber	ポリプロピレン繊維
	氨纶	聚氨基甲酸酯纤维	Polycarbaminate Fiber	ポリウレタン繊維

（二）材料含量标识

材料的含量常以成品中某种材料含量占材料总量的百分比（%）来表示，具体标识要求见表2-13。

表2-13　纤维含量标识要求及示例

序号	纤维含量标识要求	示例
1	仅有一种纤维成分的产品，在纤维名称的前面或后面加"100%"、"纯"或"全"表示	棉100% 或 纯棉 或 全棉
2	两种及两种以上纤维组分的产品，一般按纤维含量递减的顺序列出每种纤维的名称，并在名称前面或后面列出该纤维含量的百分比（示例1）。当产品的各种纤维含量相同时，纤维名称的顺序可任意排列（示例2）	示例1： 　60%棉　30%涤纶　10%锦纶 或棉60%　涤纶30%　锦纶10% 示例2： 　50%棉　50%黏纤 或棉50%　黏纤50%
3	如果采用提前印好的非耐久性标签，标签上的纤维名称按一定顺序列出，且留有空白处用于填写纤维含量百分比，这种情况不需按含量优先的顺序排列	
4	含量≤5%的纤维，可列出该纤维的具体名称，也可用"其他纤维"来表示（示例3），当产品中有两种及以上含量各≤5%的纤维且总量≤15%时，可集中标为"其他纤维"（示例4）	示例3： 　60%棉　36%涤纶　4%黏纤 或60%棉　36%涤纶　4%其他纤维 示例4： 　90%棉　10%其他纤维
5	含有两种及以上化学性质相似且难以定量分析的纤维，列出每种纤维的名称，也可列出其大类纤维名称，合并表示其总的含量	70% 棉 30% 莱赛尔纤维 ＋ 黏纤或再生纤维素纤维100%（莫代尔纤维 ＋ 黏纤）

续表

序号	纤维含量标识要求	示例
6	带有里料的产品应分别标明面料和里料的纤维名称及其含量。如果面料和里料采用同一种织物可合并标注	面料：80% 羊毛/20% 涤纶 里料：100% 涤纶
7	含有填充物的产品应分别标明外套和填充物的纤维名称及其含量（示例5）。羽绒填充物应标明羽绒类别和含绒量（示例6）	示例5： 外套：65% 棉/35% 涤纶 填充物：100% 桑蚕丝 示例6： 面料：80% 羊毛/20% 涤纶 里料：100% 涤纶 填充物：灰鸭绒（含绒量80%）充绒量：150g
8	由两种及两种以上不同织物构成的产品应分别标明每种织物的纤维名称及其含量。面料不超过产品表面积15%的织物可不标	身：100% 棉　袖：100% 涤纶 或红色：100% 羊绒　黑色：100% 羊毛
9	含有两种及两种以上明显可分为纱线系统、图案或结构的产品，可分别标明各系统纱线或图案的纤维成分含量；也可作为一个整体，标明每一种纤维含量。对纱线系统、图案或结构变化较多的产品可仅标识较大面积部分的含量	绒毛：90% 棉/10% 锦纶 地布：100% 涤纶或63% 棉　30% 涤纶 7% 锦纶 或白色纱：100% 涤纶　绿色纱：100% 黏纤　灰色纱：100% 棉
10	由两层及两层以上材料构成的产品，可以分别标明各层的纤维含量，也可作为一个整体，标明每一种纤维含量	外层：50% 棉/50% 黏纤 内层：100% 棉 中间层：100% 涤纶 或 60% 棉 20% 涤纶 20% 黏纤
11	当产品的某个部位上添加有加固或其他作用的纤维但比例较小时，则应标出主要纤维的名称及其含量，并说明包含添加纤维的部位，以及添加纤维的名称	55% 棉 45% 黏纤 脚趾和脚跟部位的锦纶除外
12	在产品中存在易于识别的花纹或图案的装饰纤维或装饰纱线（若拆除装饰纤维或纱线会破坏产品的结构），当其纤维含量≤5%时，可表示为"装饰部分除外"，也可单独将装饰线的纤维含量标出（示例7）。如果需要，可以标明装饰线的纤维成分及其占总量的百分比（示例8）	示例7： 　80% 羊毛 20% 涤纶　装饰线除外 或 80% 羊毛 20% 涤纶 装饰线 100% 涤纶 示例8： 　79% 羊毛 17% 黏纤 40% 金属装饰线
13	在产品中起装饰作用的部分或不构成产品主体的部分，例如：花边、褶边、滚边、贴边、腰带、饰带、衣领、袖口、下摆罗纹口、松紧口、衬布、衬垫、口袋、内胆布、商标、局部绣花、贴花等，其纤维含量可以不标。若单个部件的面积或同种织物多个部件的总面积超过产品表面积的15%时，则应标注该部件的纤维含量	
14	含有涂层、黏着剂等难以去除的非纤维物质地产品，可仅标明每种纤维的名称	

续表

序号	纤维含量标识要求	示例
15	结构复杂的产品（如文胸、腹带等），可仅标明主要部分或贴身部分的纤维含量，对于因不完整或不规则花型造成的纤维含量变化较多的织物，可仅标注纤维名称（示例9、示例10）	示例9： 　烂花：涤纶/棉 　底布：100% 涤纶 示例10（文胸）： 　里布：棉100% 　侧翼：锦纶/涤纶/氨纶

　　为了使纺织品的成分及性能达到最佳状态，或者是纺织企业根据客户的要求而制造出纯纺或混纺产品，对于纯度的要求及混纺比在多大允差范围内才算达到标准，为此国家标准均做了详细规定。具体如下：

　　（1）产品或产品的某一部分完全由一种纤维组成时，用"100%"或"纯"或"全"表示纤维含量，纤维含量允差为0[1]。

　　（2）产品或产品的某一部分中含有能够判断是装饰纤维或特性纤维（如弹性纤维、导电纤维等），且这些纤维的总含量≤5%（纯毛粗纺≤7%）时，可使用"100%"、"纯"或"全"表示纤维含量，并说明"××纤维除外"（如纯棉/装饰纤维除外），标明的纤维含量允差为0。

　　（3）产品或产品的某一部分含有两种及以上的纤维时，除了许可不标注的纤维外，在标签上标明的每一种纤维含量允许偏差为±5%，填充物的允许偏差为±10%。例如，标签含量为40%棉/40%涤纶/20%锦纶，则允许含量为35%～45%棉/35%～45%涤纶/15%～25%锦纶。

　　（4）当标签上的某种纤维含量≤15%时（填充物≤30%），纤维含量允许偏差为标准值的30%。

　　（5）当产品中的某种纤维含量≤0.5%时，可不计入总量，标为"含微量××"，如100%棉（含微量涤纶）。

二、衣料品质及特性标识

（一）品质标识

　　为了统一规范商品品质管理，各国法律、各纺织协会、组织、团体等设立了各自的品质基准。这些权威性的专业标志，长期以来受到市场的信任，对产品具有很高的信誉。表2-14、表2-15为国际羊毛局颁发的羊毛产品标志和我国纺织行业标准颁布的有关产品标志。此外，还有如新西兰羊毛局颁布的新西兰羊毛产品标志等。

---

　　[1]　由于山羊绒纤维的形态变异，山羊绒会出现"疑似羊毛"的现象。山羊绒含量达95%及以上，"疑似羊毛"≤5%的产品可表示为"100%山羊绒"、"纯山羊绒"或"全山羊绒"。

表2-14　国际羊毛局羊毛产品标志

标志名称	标志图形	标志含义	使用对象
全羊毛标志	NEW WOOL 100%	新羊毛在99.7%以上，经国际羊毛局颁布的材料检测及缝制检测为合格产品的品质证明	全羊毛衣料、服饰等产品
混纺毛标志	WOOL BLEND MARK	新羊毛含量为55%~95%的优质混纺毛织物及其产品	新羊毛含量在60%以上的短袜、精纺毛织物及其二次成品；新羊毛含量在85%以上的粗纺毛织物及其二次成品

表2-15　我国部分纤维产品标志

标志名称	标志图形	标志含义	使用说明
纯棉标志		符合相应的产品标准及有关文件所规定的棉纤维含量和质量要求的纯棉产品	可以用织造、印刷方法制作；图案尺寸可放大或缩小，但不得变形；图案的底色为白色，图形为黑色
纯羊毛标志		产品标准所规定羊毛含量以上的纯羊毛产品	可以用织造、印刷方法制作；一般情况下，图案的底色为白色，图形为黑色，凡直接印刷或织造在毛纺织产品上的图案，也可根据底色以能清晰显示为原则
毛混纺标志		按规定比例羊毛与其他纤维混纺的产品	

（二）特殊性能标识

对于衣料及其产品中一些较为重要或特殊的性能，如尺寸变化率（收缩性）、阻燃性、防水性、防虫蛀等，我国标准中同样规定用文字或文字加图案的形式来表示。如具有防蛀性的产品，则应在使用说明上用"防虫蛀"文字或"防虫蛀"文字加其图案标志标明。表2-16以羊毛产品为例，给出了我国纺织行业标准规定的防虫蛀、防缩和阻燃产品的品质标志。

表2-16　羊毛产品的特性标志

名称	防蛀羊毛产品标志	水洗防缩羊毛产品标志	阻燃羊毛产品标志
图形			
标志使用说明	防蛀处理，有防蛀性的产品标志	经防缩处理，具有一定水洗防缩性的产品标志	经阻燃处理，具有阻燃性的产品标志

国际上先进国家在产品品质管理方面较为系统和详细。以下就日本国对产品的收缩性、阻燃性、防水性等标识为例，给予简单地介绍。

1. 收缩性标识

收缩性标识主要用于易收缩变形的衣料上。其标识方法为：以文字的形式标上“收缩率”，并标明产品（注意并非一定是布）的纵、横向收缩率数值，如图2-1（1）和（2）。若纵、横向收缩率相同，则不需分开表示，如图2-1（3）。

（1）	（2）	（3）
收缩率 纵向　5% 横向　3%	**收缩率** 纵向　8%以内 横向　5%以内	**收缩率** 5%以内

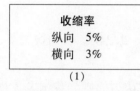

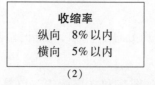

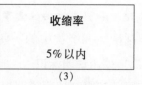

图2-1　日本国产品收缩性标识

2. 阻燃性标识

一般的纺织品是易燃物体，而对于防燃有特殊要求的商品如消防服，应标明其阻燃性能。产品阻燃性能的标识方法为：以醒目的形式标上“难燃”二字，并标明其阻燃性能经干、水洗后的性态，如图2-2所示。

难燃 水洗后难燃性消失	**难燃** 干洗后难燃性能不变，但水洗后难燃效果消失

图2-2　日本国产品阻燃性标识

3. 防水性标识

防水性标识主要用于风雨衣及其材料等商品。风雨衣需要一定的防水性能，通常防水度需在70%以上。风雨衣的防水性主要有三种形式：彻底防水、水洗后无效及干洗有效、水洗后无效等。其标识方法与阻燃性的表示方法雷同。

三、衣料使用说明标识

受材料品质和性能的影响，洗涤、漂白、熨烫、储藏等使用程序对衣料和服装品质的影响很大。所以，使用说明标识在服装产品品质标识中占有重要的位置。

（一）使用说明标识的内容

不同国家对纺织品和服装的使用说明标识的内容不尽相同。我国国标规定纺织品和服装使用说明标识中应包括的主要内容如下：

1. 水洗

说明能否水洗，水洗方法（手洗或机洗）和温度、洗涤剂（碱性、中性、酸性）的选择，并说明脱水方法（甩干和拧干）。

2. 氯漂

说明能否氯漂。

3. 熨烫

说明能否熨烫，熨烫方法和熨烫温度的选择。

4. 干洗

说明是否要干洗及干洗剂的选择。

5. 水洗后干燥

说明水洗后干燥方法的选择，包括悬挂晾干、平摊干燥、滴干、阴干和烘干。

6. 洗涤和熨烫时的注意事项

包括洗涤和熨烫中的一些特殊处理，例如，分开洗涤、不可皂洗、反面熨烫等。

（二）使用说明标识

纺织品和服装使用说明以各种图案和文字标识，以易于辨认为原则。各国、各机构标准所规定的标识有所不同。表 2-17 给出了我国纺织品和服装使用说明的基本图形符号，附录二十五至附录三十二分别列举了我国和日本等国有关的标准标识。

表 2-17　我国纺织品和服装使用说明的基本图形符号

序号	名称		图形符号	说明
	中文	英文		
1	水洗	Washing		用洗涤槽表示，包括机洗和手洗
2	漂白	Bleaching		用等边三角形表示
3	熨烫	Ironing and Pressing		用熨斗表示
4	干洗	Dry Cleaning		用圆形表示
5	水洗后干燥	Drying after Washing		用正方形或悬挂的衣服表示

注　若在图形符号上面加符号"×"，即表示不可进行图形符号所示动作。

✲ 专业术语

中文	英文	中文	英文
品质管理	Quality Management	纺织品标准	Textiles Standard
品质检验	Quality Inspection	外观品质	Appearance Quality
内在品质	Internal Quality	等级评定	Grade Evaluation
品质标识	Quality Mark		

✲ 学习重点

1. 了解衣料的品质检验规则、检验项目及等级评定方法。
2. 了解国家标准对成衣材料品质的要求以及企业衣料品质管理的方法。
3. 了解衣料的组成标识、品质及特性标识和服装使用说明标识。

✲ 思考题

1. 何谓品质管理?
2. 衣料的品质要求是以什么标准为依据的?
3. 纺织品标准是如何制定的，如何使用纺织品标准?
4. 衣料品质检验有哪些规则?
5. 纤维类衣料的品质检验包括哪些项目和指标?
6. 纤维类衣料的等级是如何评定的?
7. 服装企业如何管理衣料的品质?
8. 国标对衬衫、男西服、羽绒服装、夹克衫、牛仔服装、风雨衣、绣衣、睡衣等成衣的材料有哪些品质指标要求?
9. 国标对衣料的组成标识有何规定?
10. 国标对衣料的品质标识有何规定?
11. 国标对服装使用标识的内容有何规定?

衣料与服装

课程名称： 衣料与服装

课程内容： 衣料与服装单品

衣料与服装生活

衣料再造与服装

课程时间： 4 课时

教学目的： 不同的服装品种和服装生活对衣料的要求不尽相同。通过本章的学习，使学生掌握衣料与服装单品（大衣、套装、连衣裙、外套、衬衣、裙子、裤子、睡衣、室内衣、运动服、作业服、服饰品）的关系，了解衣料与生活季节（春、夏、秋、冬）、衣料与生活场合（社交场合、职业场合、休闲场合、居家场合）以及衣料再造与服装的关系，以便合理地选用衣料。

教学方式： 多媒体讲授和实物、图片应用认知。

教学要求： 1. 掌握衣料与服装单品（大衣、套装、连衣裙、外套、衬衣、裙子、裤子、睡衣、室内衣、运动服、作业服、服饰品）的关系。

2. 了解衣料与生活季节（春、夏、秋、冬）的关系。

3. 了解衣料与生活场合（社交场合、职业场合、休闲场合、居家场合）的关系。

4. 了解衣料再造的方法、效果与服装的关系。

第三章　衣料与服装

《服装材料学·基础篇》绪论已从服装基本功能（如包覆、防护、装饰、品质稳定）和服装材料性能（美学、造型、可加工、服用、耐久）的角度简单介绍了服装与服装材料的密切关系，且第一章至第七章详细介绍了有关衣料的基本知识。实际应用中，不同的服装类别对衣料的要求不尽相同。所以，服装工作者必须了解和掌握衣料与服装类别之间的适应性，以便合理地选用衣料。此章就服装类别对衣料风格、性能及再造的要求进行介绍。

第一节　衣料与服装单品

服装单品是不可缺少的日常生活装，也是构成丰繁多样现代服装的基础，而衣料的选择直接体现了服装单品的特点。目前，消费者的穿着观念朝着彰显个性的服装单品自由组合的方向发展。下面主要介绍衣料与服装单品的基本适应性。

一、衣料与大衣

大衣通常包括冬季大衣和秋季风雨衣。它以适应户外防风御寒为主要功能，且为单季服装，不属于经常性消费产品，因而常采用高档的材料和精致的加工手段，对面料外观及性能的要求较高。

冬季大衣（图 3 - 1）通常以表面蓬松起毛、手感柔软且保暖性较强的毛类衣料为主，应有一定的厚度和紧度，质量一般为 $480 \sim 600 \mathrm{g/m^2}$，特殊的高达 $750 \mathrm{g/m^2}$ 或以上。若使用结构较为疏松的面料，则通常采用较为紧密的里料配伍。

秋季风雨衣（图 3 - 2）通常采用较高紧度的羊毛、化学纤维短纤及混纺织物，或经防水整理，质量一般为 $250 \sim 300 \mathrm{g/m^2}$。

二、衣料与外套

外套是春秋季主要服饰品种，为覆盖于上半身（臀围线以上）服装之总称。最具代表性的外套种类可分为西服式外套和夹克式外套。西服式外套来源于男子服装中的西服，20 世纪初为女子服饰所接受，成为都市生活中最具代表性的服饰品种之一。西服式外套沿袭了传统西服的设计要点，随着现代人生活的不断简化和穿着观念的更新，西服式外套的穿着方式与造型特征由硬、板、严谨不断向轻、软、自由搭配的方向发展，穿着场合也从都市职业场合扩展到都市休闲场合。因而西服式外套的面料选用概念也在套装面料的基础上不断拓展。

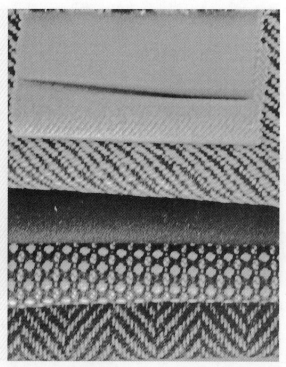

图 3-1 冬季大衣及面料

图 3-2 秋季风雨衣及面料

　　夹克式外套（图 3-3）即为长短至中臀线的宽松型外套的总称，它包括冬季防寒服、春秋季外出类外套、运动类夹克外套等。这一外套类型是以实用功能为主要目的的日常户外运动类型服装单品。近年来，随着都市人们休闲生活的拓展，许多具有运动概念的休闲服装大量融入日常生活之中，使这类服装成为休闲服装中十分重要的品种。夹克类外套根据季节特点常加入相应的点缀物，并施以如异色面料镶拼、填料绗缝、缉明线及拉链、金属扣等实用兼装饰性的细部设计。

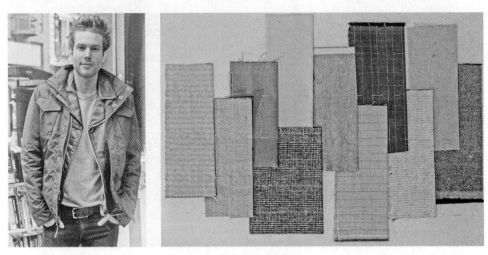

图3-3 夹克式外套及面料

西服式外套（图3-4）与夹克式外套的服饰风格及穿着场合不同，所以，其面料品种与风格也有所不同。西服式外套面料除采用传统的精纺毛料以外，大量使用化纤、棉、麻或其他混纺织物，使服装易洗涤、易保管，且具有防皱保型的功能。一般以中厚型面料为主体，春夏季面料通常为 $180 \sim 250 g/m^2$，秋冬季面料通常为 $300 \sim 380 g/m^2$。

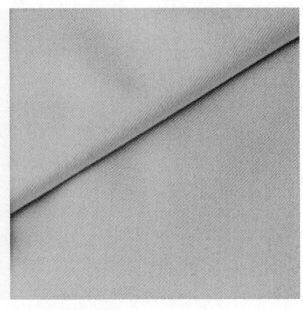

图3-4 西服式外套及面料

夹克式外套面料以涤纶、尼龙、棉、麻及混纺材料织制的平整、质实面料为主体，中厚型（ $180 \sim 230 g/m^2$ ），且往往施以诸如防水、涂层、轧光、绗缝等多种整理，使其具有防水、抗皱以及适应各种洗涤、保管方式的实用功能。

三、衣料与套装

套装（图3-5）即为两件及以上的服装配合成套穿着的服饰形式。通常分上下两件套、三件套，在现代都市职业服饰中最具代表性。套装在设计风格上较为传统，并注重服装的轮廓造型和细部表现，对成衣的品质要求较高。代表性的款式有传统的西服领套装、夏奈尔无领套装、军服套装等。虽然不同的季节、年龄、性别、场合和服装设计风格对面料的选择具有一定的影响，但由于套装类服饰通常适应于都市生活，具有很强的社交功能，因而经济价值亦较其他服饰品种高。

套装面料选择特别要注意整体的协调和配套，上、下装（裤子或裙子）通常选择同一花色，或采用相互呼应的异色面料进行搭配，多为手感、悬垂性良好的全毛精纺面料、毛混纺面料和化纤面料。春夏季以 $180 \sim 250 \mathrm{g/m^2}$ 的薄型精纺毛料、麻棉、涤棉等混纺面料为主，秋冬季则以 $250 \sim 350 \mathrm{g/m^2}$ 的中厚型粗纺全毛、毛腈或其他混纺面料为主。色彩和图案通常较为和谐清丽，格调高雅，如以古典稳重的中性色调和以传统条格为代表的图案（如细条、千鸟格、苏格兰格等）。

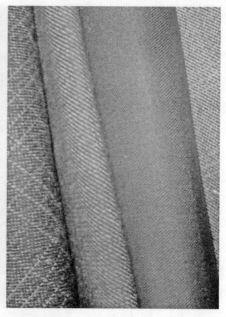

图3-5 套装及面料

四、衣料与裤装

裤子（图3-6）即为分别包裹双腿的下装品种，根据不同的功能、长度及形态，其造型非常之多。裤子最早是古代东方波斯、土耳其、中国等地男、女的典型服饰，中世纪后发展为男子服饰中的重要品种。19世纪中叶，随着体育运动的普及，裤子逐步被西方女子所接受，这一服饰现象亦成为女子服装现代化的重要标志。从此，裤子以其实用功能的特征在现代服饰中扮演了十分重要的角色。

图 3-6　裤子及面料

裤子具有很强的实用性和功能性，因而其面料在强调服用舒适性的前提下，应具有一定的抗皱保型性、耐磨性和耐洗涤性。通常以涤纶、棉、羊毛及各种混纺纱线织制，组织紧密，纱线有一定的捻度，布面效果相对平整的中厚型坚固、质实类或悬垂性良好面料。春夏面料质量大多为 $180\sim220\mathrm{g/m}^2$，秋冬面料大多为 $250\sim280\mathrm{g/m}^2$。

根据裤子的造型特点，普通的裤子通常不加里布，但粗厚型和相对薄透型面料制成的裤子通常要加半里。但里料的质量及柔软度要与面料配伍，以不影响裤子的造型效果为前提。

裤装面料的色彩应与上装相呼应，通常以沉着稳重的色彩和染色织物为主。此外是传统的色织条格，如隐条、细铅笔条、小方格、灰调格、千鸟格等，避免横条织物。

五、衣料与裙装

裙子即为包裹人体下半身的主要服饰单品，其基本型为筒型，往往通过腰臀部的收省、抽褶、打褶裥等方法，达到与体型吻合的造型效果。裙子通常为女子所穿用，但也有例外，如苏格兰传统的男装裙。

裙子的基本造型主要有合体裙和宽松裙之分。合体裙类（图 3-7）用料以中厚型衣料为主，织物质量一般为 $180\sim250\mathrm{g/m}^2$。紧身类合体裙，宜选用回弹性好、结实耐穿的面料，如哔叽、轧别丁等质地密实的面料；粗花呢、法兰绒等具有粗犷感但相对紧密的面料；有一定厚度的提花针织布、罗纹针织布及含氨纶的弹性面料等，尽可能避免诸如杨柳绉、乔其纱等轻薄而飘荡的起皱类面料。由于合体裙在穿着上多为传统观念上的套装配套形式，故面料的图案、色彩通常以相对传统、稳重的风格为主，如千鸟格、苏格兰条格等。当采用低紧度或薄型面料做合体裙时，通常需配以衬裙或在设计上增加层次，以弥补牢度的不足和过于透明。

宽松裙类（图 3-8）用料介于轻薄和中厚型衣料之间，以适于抽褶及有量感的造型设计需要。较为宽松且体现裙摆量感的裙子，则应选用抗皱性好且具有一定悬垂感和柔软的面料。与合体裙相反，此类裙子宜采用轻薄型面料，如涤纶雪纺纱、乔其、双绉等，以适应各种定型褶、抽褶、打褶裥等造型工艺。宽松类裙在穿着上往往作为日常类单品存在，多与恤衫、衬衣、外套等单品搭配，因而可根据设计需要施以丰富的色彩和自由奔放的图案，一般以印花面料为主。

 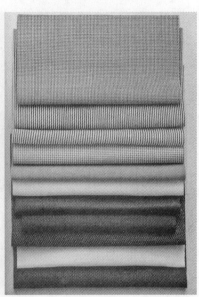

图3-7　窄裙及面料

图3-8　宽裙及面料

六、衣料与连衣裙

连衣裙即为上衣下裙相连的衣服，为女子服装中重要的传统古典服饰品种。依其场合和用途，连衣裙主要分为礼服裙和日常连衣裙两大类。礼服裙即为适应各种社交礼仪场合的服装，如晚礼服、午后小礼服、鸡尾酒会服等。日常连衣裙虽在服装结构上与礼服裙有相似之处，但穿着场合和用途十分广泛，根据设计特征而得的名称也多种多样，如就服装造型特征而论的宽松型连衣裙、紧身型连衣裙及衬衫型连衣裙；就穿着季节与场合而论的沙滩裙、裙裤式连衣裙、室内裙和衬裙等。

然而，连衣裙主要为春夏季服饰，故以轻薄型衣料为主体。又因为连衣裙为整体覆盖人体的服饰品种，所以，柔软及具良好悬垂等性能为面料选择的首要条件。

礼服裙（图 3-9）面料以真丝、化纤长丝材料为主，通常质量为 $60 \sim 180 \mathrm{g/m^2}$ 的绉、薄透类织物，风格和个性比较鲜明，手感柔软，悬垂性良好，便于体现人体曲线。

图 3-9　礼服裙及面料

春夏季日常连衣裙（图 3-10）面料以棉、棉涤混纺、真丝、化纤织物为主，秋冬季则以全毛或毛混纺织物为主。面料质量通常为 $120 \sim 180 \mathrm{g/m^2}$。有良好的皮肤接触感和透气性，手感柔软，悬垂性好，具有一定的抗皱性，洗涤保管方便。材质风格以平整类、绉类为主体，适合抽褶、打褶等工艺。根据服装的设计特点通常选择整体连贯的图案及和谐的配色。

图 3-10　日常连衣裙及面料

七、衣料与衬衫

衬衫即为穿着于外套里面的单衣，与贴身内衣的概念相比又被称为中衣。英文中女子衬衫称为 Blouse，男子衬衫称为 Shirt，我国商品名统称为衬衫。随着现代服饰观念的不断开放，衬衫除了保持原有与外套配合的功能以外，还可作为单独外穿的服饰品种，并成为现代服装中重要的服饰单品。

衬衫的设计、使用及相应的面料配伍有以下共同特点：

（1）与外套呼应的衬衫设计要点是领、袖部分的造型，因此，其面辅料应具有保型性。

（2）衬衫大都与外衣结合使用，并系于下装里面，而作为外衣单独存在时多为春夏季使用，因此，适合作为衬衫的面料通常具有轻薄柔软的特点。

（3）衬衫品种是服装品种中更换频率最高、使用量最大的单品之一，因而衬衫面料通常以具有耐洗涤、抗皱性好且经济实惠的织物为宜。

男衬衫（图3－11）面料以轻薄型、中厚型平整类面料为主体，前者如纯棉精梳高支纱面料，后者为一般纱支的棉、毛、麻及绢纺、混纺面料。春夏季面料质量通常为$120 \sim 130 \text{g/m}^2$，秋冬季面料质量通常为$150 \sim 200 \text{g/m}^2$。男衬衫面料的图案与色彩风格主要分传统型与现代流行型两大类。传统型以精细的色织条格图案为主，如铅笔条、小方格等具有传统绅士风格的图案；现代流行型则依季节、场合和流行而变化，如具有浓烈夏威夷热带风格的图案、现代时髦感波普艺术风格的图案、20世纪60年代街头题材以及朴实的民族图案等，此类型多适用于休闲生活的外衣型衬衫。

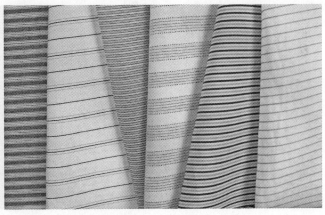

图3－11　男衬衫及面料

女衬衫（图3－12）面料以涤纶、棉、桑蚕丝、醋酯、黏胶及各种混纺纱线织制的轻薄型面料（质量为$40 \sim 100 \text{g/m}^2$）为主。除与男衬衫同样的特性以外，女衬衫特别强调面料的悬垂感与轻柔感。不论是作为中衣还是外穿单品，其面料的组织纹理、图案风格等都较男式衬衫丰富，并较多地受用途和流行趋势的影响。因此，以染色、色织、印花、织花、绣花、编织等工艺手段形成的薄透、起绉、平整、有光泽等材质风格和几何、花卉图案的面料被广泛使用。

图3-12　女衬衫及面料

综上所述，各类衣料风格与服装单品面料的适用关系见表3-1。

表3-1　衣料风格与服装单品面料的适用关系

衣料风格	衣料名称	大衣	套装	礼服	连衣裙	外套	薄上衣	衬衫	裙装	裤装	衣料风格	衣料名称	大衣	套装	礼服	连衣裙	外套	薄上衣	衬衫	裙装	裤装
平整	平布				●		●	●	●		光泽	素绉缎			●						
	细纺				●		●	●				贡缎		●	●						
	凡立丁		●			●			●	●		羊绒	●	●			●				
	府绸				●		●	●				皮革			●					●	●
	牛津布				●		●	●				金属涂层			●					●	●
	电力纺						●					金丝绒			●	●					
	塔夫绸			●						●		金银织锦			●						
												霓虹布			●	●					
凹凸起绉	乔其纱				●						粗犷	粗平布									
	双绉				●	●	●		●			绵绸			●		●			●	
	柳条绉					●						双宫绸									
	女衣呢		●			●			●			疙瘩织物						●			
	泡泡纱				●							粗花呢	●	●						●	
	定型褶布			●					●		硬挺	帆布									
	四维呢						●	●				防雨布									
	马裤呢					●				●		板丝呢		●							●
	灯芯绒					●				●		塔夫绸			●						
	凸条布			●																	

衣料风格	衣料名称	大衣	套装	礼服	连衣裙	外套	薄上衣	衬衫	裙装	裤装	衣料风格	衣料名称	大衣	套装	礼服	连衣裙	外套	薄上衣	衬衫	裙装	裤装
薄透	绡			●							质实	卡其						●			●
	薄纺											牛仔布						●			●
	巴里纱											帆布									
	雪纺纱			●	●							华达呢		●				●		●	
	烂花绒			●								防雨布	●					●			
厚重	粗花呢	●	●								起毛起绒	长毛绒	●					●			
	麦尔登呢	●										天鹅绒	●								
	大衣呢	●										平绒			●						
	双面呢	●										麂皮绒			●						
												绒布		●				●			●
												线材起绒									●

第二节 衣料与服装生活

不同性别以及处于不同年龄、空间、场合和季节的人们有其对服装风格、精神、流行及市场的不同心理感知，因此，对服装以及构成服装的衣料的要求是不同的。

一、衣料与性别

人从一出生就开始在服装上区分性别，女孩一般用淡粉色的婴儿用品，男孩则多采用淡蓝色的。随着年龄的增长，男、女服装的区别更加显著，男式服装（图3-13）强调肩部的设计，强调社会地位的优势，它往往通过深色、厚重的面料表现男性的刚毅，常见面料有棉布、涤棉布、灯芯绒、亚麻布及各种中厚型的毛料和化纤织物。女式服装（图3-14）强调圆润的廓型和丰富柔软的质地，并且将重点放在胸部、腹部和臀部，从而体现女性柔美的特质，因此，多选择轻薄、悬垂感好、造型线条光滑的丝绸面料，轻薄的麻纱面料以及透明或半透明的化纤蕾丝等。

图3-13 男式服装及面料

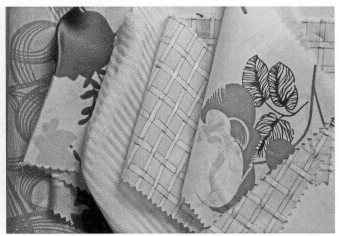

图3-14 女式服装及面料

二、衣料与年龄

不同年龄层的人体生理机能、体型、气质都在不断变化，所适应的服装有所不同（表3-2）。

表3-2 服装年龄段类别及特点

服装类别		年龄（岁）	服装特点
童装	婴儿装	0~1	款式简洁宽松，易穿、易脱
	幼儿装	2~5	款式活泼，基本没有省道处理
	儿童装	6~11	造型以宽松为主，可考虑体型因素而收省道，男、女童装在品种和规格尺寸上开始有区别
少年装		12~17	造型介于青年装和儿童装之间

续表

服装类别	年龄（岁）	服装特点
青年装	18~30	造型简洁、明快，变化范围大
成年装	31~50	造型合体、稳重，没有大起大落的变化。局部造型简洁而精致，讲究服装的系列搭配，注重服装的品质
中老年装	50以上	造型宽松舒适，最好能通过造型修正体态，零部件简单实用

根据不同年龄层的人体生理机能、体型、气质及服装特点，衣料的适应性和特点如下：

1. 婴儿面料

婴儿皮肤细嫩易出汗。应选择轻柔、通透性和吸水性好的无刺激性衣料，故以全棉绒布、细布、纱府绸及针织、毛圈、拉绒类面料为宜（图3-15）。

图3-15 婴儿服装及面料

2. 幼儿面料

幼儿好动，其服装面料应耐磨、耐脏且易洗涤，可选择全棉细布、涤棉细布、纱府绸、泡泡沙、纱卡等，色彩以鲜亮、活泼为宜（图3-16）。

图3-16 幼儿服装及面料

3. 儿童和少年面料

儿童和少年处于学习期，好动。其服装色泽既要生动活泼又要朴素大方，面料质朴且有一定的强度，经济实惠易洗涤，通常选用涤棉细布、卡其、灯芯绒、劳动布、坚固呢、涤纶哔叽和中长花呢等（图3-17）。

图3-17　儿童和少年服装及面料

4. 青年面料

青年人具有活泼、激情、自由奔放的特点，穿衣打扮既喜欢追逐流行时尚，又爱张扬个性、追求另类，讲究形体美，色彩时髦、鲜亮。所以，其服装面料选择比较广，尤其偏好新颖流行的面料。但对于紧身衣衫，应注意衣料质地以松软为佳（图3-18）。

图3-18　青年服装及面料

5. 成年面料

成年人一般都有一定的事业和物质基础，着装以舒适、稳重为准则，突出成熟、自信、端庄的特点，有品位而不盲目赶时髦，讲究服装的品质感。因此，其面料质地选择以优质、细腻、整洁、清爽为主，较偏重厚薄适中、挺括且有良好悬垂性的面料。服装款式和色彩的选择，注重体现青春活力。对于体型开始发生变化的成年人，面料的图案和色彩应考虑收缩感强的直细条纹和藏青、深蓝、黑色等，不宜选用浅灰、浅褐等膨胀感强的色彩。

6. 中老年面料

由于各项生理功能逐渐衰退，对外界适应能力较差，抵抗力减弱。因此，中老年人的穿着应以轻、软、暖、宽松、简便等舒适性为原则，同时，为避免老年人受微生物的侵害，增加材料的抗菌性和吸湿性显得非常重要。例如，冬天宜选择暖、软、轻的，且对皮肤有亲和性而无刺激性的羊毛、鸭绒、驼毛类衣料，不影响老年人周身气血的流畅和手足的活动；夏天宜选择吸湿性、散热性好，有益皮肤健康的衣料，如砂洗双绉、印度绸、棉麻混纺、丝麻交织等，有利于老年人的防暑降温、散热排汗，忌涤纶等透气性差的化纤衣料，避免由于静电和不透湿而引起痱子、湿疹和老年性皮肤瘙痒症等。此外，其面料色彩大多以柔和、含蓄为首选（图3-19、图3-20）。

图3-19　中年服装及面料

图3-20　老年服装及面料

三、衣料与生活季节

服装商品具有强烈的季节特征和流行周期。服装商品的季节划分为春（早春、春）、夏（初夏、盛夏、晚夏）、秋（初秋、秋）、冬四个时段，相应的衣料通常按春秋、夏、冬或春夏、秋冬分类。

（一）夏季面料

室外气温在 28℃ 以上时的季节称为夏季。一般而言，夏季面料以轻、薄、透为主要特征，总体质量约为 $60 \sim 100 g/m^2$，以达到良好透通性的目的。棉、麻、丝织物是夏季着装的首选面料。根据不同的服装风格，相应的面料风格也随之而变化，如优雅类型的服装大多选用柔美飘逸的乔其、雪纺、双绉和网眼纱等面料；较为庄重的服装可选择薄型凡立丁、派力司或具有滑爽平整风格的高支、高捻度精纺毛料；休闲服装则以透气性好、易洗涤的棉麻面料为主体，如具有质朴风格的亚麻布、印花棉布以及凉爽感的印度绸等。夏季阳光炙热，根据有关研究结果，深红色、藏青色的面料最防晒（图 3-21）。

 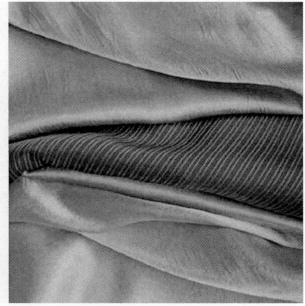

图 3-21　夏季服装及面料

（二）冬季面料

通常，室外气温在 10℃ 以下的季节称为冬季。冬季面料的首要条件是手感柔软、保暖性好。因此，精纺或粗纺羊毛和羊绒衣料是首选。除了强调有一定的厚度和质量（通常为 $350 \sim 500 g/m^2$）以外，外衣应尽量选择结构紧密的面料，以利于挡风。常规色是藏蓝、混灰、姜黄、深蓝和褐色等。此外，寒极暖至，自然界的暗淡给我们创造展示色彩的机会，反季节的颜色同样会有吸引力（图 3-22）。

（三）春秋季面料

春秋季的平均气温在 $15 \sim 25℃$，是人体着装最为适宜的季节段，典型的服装品种以衬衫、套装、裙、裤为主，相应的面料比较宽泛，多为中厚型面料（图 3-23）。

图 3 - 22　冬季服装及面料

图 3 - 23　春秋服装及面料

　　春天，万物复苏欣欣向荣的气象张扬着轻松而温暖的心情。这一季的颜色可以是光谱中的任意一组，由冷色向暖色过渡是最常见的，例如米黄、葱绿等。面料以精纺、紧密、有弹性为主。

　　秋天，草木萧疏满地黄叶，暖色调的色彩如咖啡色、芥末黄等比较受欢迎。面料的质感可以多样化，如蓬松、柔软等。

　　综上所述，各类衣料与不同季节的适用关系见表 3 - 3。

表3-3　衣料与不同季节的适用关系

衣料风格	衣料名称	春	夏	秋	冬	衣料风格	衣料名称	春	夏	秋	冬	衣料风格	衣料名称	春	夏	秋	冬
平整	平布	●	●			粗犷	粗平布			●		厚重	粗花呢				●
	细纺		●				绵绸			●			麦尔登呢				●
	凡立丁	●		●			双宫绸	●					大衣呢				●
	府绸	●	●				麻织物		●				双面呢				●
	牛津布	●	●	●			大条丝绸			●		质实	卡其	●		●	
	电力纺		●				疙瘩织物			●			牛仔布			●	
	塔夫绸	●					粗花呢				●		帆布			●	
凹凸起绉	乔其纱		●			光泽	霍姆斯本				●		华达呢		●	●	
	双绉	●	●	●			素绉缎	●	●				防雨布			●	
	柳条绉	●	●	●			贡缎	●	●			起毛起绒	长毛绒				●
	女衣呢	●		●			羊绒				●		天鹅绒			●	
	泡泡纱		●				皮革			●			平绒			●	
	定型褶布	●					金属涂层			●			麂皮绒织			●	
	四维呢	●	●	●			金丝绒			●	●		法兰绒			●	
	马裤呢		●				金银织锦			●	●		线材起绒			●	
	灯芯绒			●			霓虹布	●				薄透	薄纺		●		
柔软	绒布			●	●	硬挺	帆布			●			巴里纱		●		
	起绒织物				●		防雨布	●		●			雪纺纱		●		
	羊绒织物				●		板丝呢			●			烂花绒	●		●	
	针织物	●		●			塔夫绸	●		●			透空布		●	●	

四、衣料与穿着场合

在现代生活中，人们的服装穿着场合可按表3-4划分。

表3-4　穿着场合划分

服装穿着场合 { 公共场合 { 社交场合……婚、丧、宴等 / 职业场合……上班、上学等 } ； 私家场合 { 休闲场合……度假、旅行、健身运动、购物等 / 居家场合……居家活动、睡眠 } }

（一）社交场合

社交场合以人与人的交往为中心，在各种社交场合（如婚礼、招待会、发布会等公共社交场合）中穿着的服饰（图3-24）。在服装的修饰性方面为最高级别，以体现着装者的社会身份及魅力，并注重与周围环境场合相协调。

由于社交服的社会功能特征，要求服装的面料具有精致、高雅或豪华高级，具有引人入胜的视觉效果。由于其穿着场合较特殊，且穿着频率不高，一般以高价值的服装为

图3-24　社交场合服装及面料

主。多采用端庄、稳重的精纺高支毛料，华丽高档的真丝缎、塔夫绸，具有金属光泽的金银交织衣料，光泽柔和、悬垂感好的真丝绉、乔其以及轻柔且透明的绡、纱类织物等。

（二）职业场合

以现代都市特有的职业场合为背景，以日常上班服等为中心，具有广泛的社会性。此类服装的穿着环境受工作特点及周围环境制约，具有相应的职业标识性和环境的熔融性。在服装设计中通常以含蓄、简洁、中性的风格为主流，避免采用过分的装饰和过激的设计，以体现职业场合人与人之间相互平等、尊重、和谐的关系，展现亲和、自然和值得信赖的服饰形象。职业场合的服装品种一般以套装、线条简洁的连衣裙、衬衫、各种款式的针织衫以及适合配套的裙、裤等单品为主，款式简洁大方。

在面料的选择上以表面平整或具有各类纹理效果、风格简洁为主。典型的面料有高品质的精纺毛料、化纤衣料和高支棉织物，图案以简洁大方的条格为主，避免采用过分华丽和时髦的图案以及诸如薄纱、缎子、织锦等衣料。在一些特殊情况与作业场合（如消防、清洁、潜水、炼钢等）使用的面料，要求具有防静电、防污染、防辐射、隔热、保暖等特殊功能，以确保使用者的安全。如消防作业服应具备相当的耐火性和耐热性，多采用阻燃整理的衣料；野外作业服应考虑其坚固性和防雨功能，多采用耐磨性较好的坚固呢、斜纹劳动布、帆布等衣料或尼龙织物，并根据不同的需要赋予衣料以特殊的整理，如防水、防雨及涂层整理等。在这种情况下，衣料的实用性要求远远超越出了艺术审美性（图3-25）。

（三）休闲场合

休闲场合通常指人们在公务、工作以外，置身于闲暇地点进行休闲活动的空间，如健身、娱乐、购物、旅游等。它是现代都市风俗生活中最为敏感的场合类型，相应的服饰通常分为都市休闲与休假休闲（又称运动休闲）两大类。休闲服是为适应现代个性化的生活方式而产生的一类服饰，穿着舒适、方便、自然，给人以无拘无束的感觉是其基本特点，成熟优雅是其较高的着装层面。

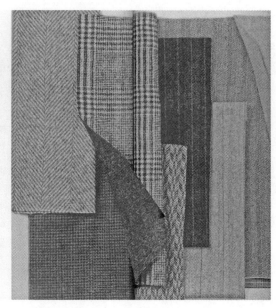

图3-25　职业场合服装及面料

　　都市休闲服装（图3-26）以都市日常生活为背景，具有一定的非正式社交功能，由简洁、个性、流行且易于组合搭配的商品构成。服装受季节因素的影响越来越小，往往以设计和款式优先，重风格创新，强调服装的品质感和良好的材质感。因此，其面料风格通常根据流行趋势的变化而改变。在选择设计方案、材料和加工工艺时，合理、经济的价格因素是取得高市场回报的要点。

图3-26　都市休闲服装及面料

　　休假休闲（运动休闲）服装（图3-27）以旅行度假、户外运动、体育锻炼为主要生活特征，受随时变动的环境及季节影响颇深。因此，在服装设计和面料选择时应优先考虑其安全性、耐久性、功能性和舒适性等实用价值，如天然、质实和易打理面料，各种弹力面料以及经过特殊功能整理的运动型面料，色彩有亲切、柔和及醒目之分。

图3-27　运动休闲服装及面料

（四）居家场合

居家场合是以家庭生活为中心的私人生活空间之总称，轻松、舒适是人们对居家场合的期望。因此，相应的家居服款式通常比较宽松、随意，面料多采用具有亲肤感的天然纤维，色彩和图案的设计也是为了体现轻松、舒适之感，如以白色、浅粉色为主的浅色调；以深红、灰、蓝为主的深色调以及花卉、动物、几何、卡通图案等。

家居服（图3-28）是指家庭生活时所穿的服装，属家庭用休闲服装。根据不同的穿着场合，家居服分为晨间服、厨艺服、园艺服、亲子服、睡衣等，各种不同场合的家居服都有各自的特点。晨间服是吃早餐、看报纸，直至换上上班装的过渡性服装，其面料特点是透气性好，比较保暖，一般采用纯棉衣料制作；厨艺服是在厨房穿用，特点是在棉制套装上经防水整理，以便厨房污垢的清洗；园艺服主要是从事园艺活动时穿用，需要有较高的耐磨性，尤其是在肘部和膝部往往做耐磨处理，以减少工作时的磨损；亲子服是在照料孩子时穿着，图案以卡通为主，面料一般为纯棉，以增加亲和感；睡衣是睡眠时穿用，因此，舒适性、卫生性以及与室内装饰氛围相吻合是面料的首选因素。通常以浪漫温馨或清洁悦目的色彩，条格、花卉或活泼可爱的动物图案，棉、丝、毛或涤棉混纺纱线织制的舒适、质朴、易洗涤的实用型针织、机织面料为主。夏季多采用平布、绉类及缎类等轻松舒适型织物，质量为120~140g/m²。冬季常采用绒布、毛巾布、填棉绗缝布等手感温暖、柔软的蓬松型面料，质量为200~280g/m²。

健康、舒适、简单，这是当代家居服设计的主线。随着纺织科技的不断进步和超薄、超软衣料的不断开发，家居服的材料与其他高品质内衣一样，将更为舒适。同时，由于时尚的魅力越来越受推崇，今后的家居服也许像时装一样，呈现出更为时尚美丽的面貌。

图3-28 居家服装及面料

综上所述，各类衣料与不同场合的适用关系见表3-5。

表3-5 衣料与不同场合的适用关系

衣料风格	衣料名称	社交场合	职业场合	休闲场合	居家场合	衣料风格	衣料名称	社交场合	职业场合	休闲场合	居家场合	衣料风格	衣料名称	社交场合	职业场合	休闲场合	居家场合
平整	平布			●	●	粗犷	粗平布			●		厚重	粗花呢			●	●
	细纺		●				绵绸			●			麦尔登呢		●		
	凡立丁		●				双宫绸	●					大衣呢		●		
	府绸		●	●			麻织物			●			双面呢		●		
	牛津布			●			大条丝绸			●		质实	卡其		●	●	
	电力纺			●			疙瘩织物			●			牛仔布			●	
	塔夫绸	●					粗花呢			●			帆布			●	
凹凸起绉	乔其纱	●				光泽	霍姆斯本			●			华达呢		●		
	双绉	●					素绉缎	●			●		防雨布			●	
	柳条绉			●			贡缎	●				起毛起绒	长毛绒	●			
	女衣呢		●				羊绒			●			天鹅绒	●			
	泡泡纱				●		皮革			●			平绒			●	
	定型褶布	●					金属涂层			●			麂皮绒织			●	
	四维呢			●			金丝绒	●					法兰绒		●	●	
	马裤呢		●				金银织锦	●					线材起绒			●	
	灯芯绒			●			霓虹布	●				薄透	薄纺				●
柔软	绒布			●	●	硬挺	帆布			●			巴里纱				●
	金丝绒	●					防雨布			●			雪纺纱	●			
	羊绒衣料		●				板丝呢		●				烂花绒	●			
	针织衣料				●		塔夫绸	●					透空布	●			

第三节　衣料再造与服装

当现有的衣料材质和风格不能满足设计师对服装风格、款式和造型的需要时，往往需要对衣料进行再造。衣料再造是指以设计对服装材质和整体效果的需要为前提，以符合实际、增强艺术感染力为目标，在现有衣料的基础上，依据材料的特性，运用各种工艺手段对衣料进行再造型的过程，是体现服装艺术设计创新能力的一个重要方面。它可以改变衣料原有的外观形态，使其在肌理、形式或质感上发生较大的改变，实现将原先平坦、单一的外观形式改变成或规则的几何形状、或抽象的肌理纹样、或立体化的外观形式，赋予服装材料以新面貌、新特性、新风格，使其成为一种具有律动感、立体感、浮雕感的新型衣料。这不仅增添了服装的美感效果，同时也扩展了衣料的使用范围和表现空间。

衣料再造方法按类型方式划分，主要有衣料的立体型设计、衣料的增型设计、衣料的减型设计和衣料的综合型设计；按工艺手法划分主要有绣饰、艺术染整、车缝、钩编织、材料重组和衣料破损等。

一、衣料再造的类型方式

（一）衣料的立体型设计

衣料的立体型设计是指通过造花、压褶、抽褶和折裥等方式来改变服装的表面形态，既可手工造型，也可根据材料特性，利用机器进行热定型，使衣料形成浮雕和立体感（图3-29）。衣料的立体型设计无论是用于体现服装廓型还是点缀局部，均能使设计效果更加生动，为服装造型的创意设计增添了无数可能性。

图3-29　服装中衣料的立体型设计

（二）衣料的增型设计

衣料的增型设计是指运用单一的或两种以上的材料，如珠片、羽毛、花边、金属铆钉、立体花和绣球等，在现有衣料的基础上运用黏合、热压、车缝、补、挂和绣等工艺手段形成立体的、多层次的设计效果，使服装衣料的质感更加丰富、立体，服装设计中华丽、富贵、厚重等情感的表达更加强烈（图3-30）。

图3-30　服装中衣料的增型设计

（三）衣料的减型设计

衣料的减型设计是指按设计构思对现有衣料进行破坏性艺术处理，如镂空、烧花、烂花、抽丝、剪切和磨砂等，使其形成错落有致、亦实亦虚的效果。此类方式易使服装呈现出疏松的空间感，体现或规则整齐、或零乱交错的节奏韵律感（图3-31）。

图3-31　服装中衣料的减型设计

（四）衣料的综合型设计

设计师在对衣料和服装进行"整容再造"时，往往不是采用单一的立体型设计或增减型设计，而是根据服装设计风格和衣料质地的厚薄、悬垂、伸缩、抗皱、定型等性能的不同，把若干种方式结合起来，采用多种加工手段进行设计再造。如图3-32（1），首先对单一材料进行剪割，营造出镂空细节的减型设计效果，然后通过层叠堆积，整体上形成衣料再造的增型设计效果，层次丰富而又统一，灵动中体现出图案对服装的装饰趣味。图3-32（2）中连衣裙肩部采取造花的立体型设计，裙摆采用编织吊挂的增型设计，不同的衣料再造形式相结合，给服装整体造型增加了动感，且细节变化丰富。

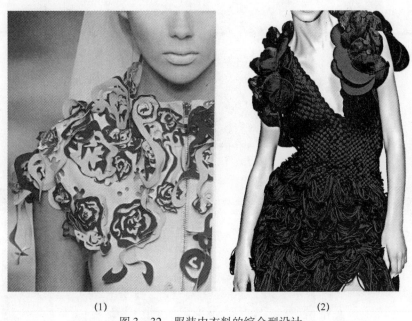

(1)   (2)

图3-32 服装中衣料的综合型设计

二、衣料再造的工艺手法

（一）绣饰与服装

用刺绣手法在基础衣料上做装饰简称绣饰。不同的刺绣手法可产生风格各异的装饰特色，由此为衣料再造带来无穷的创意效果。常见的刺绣工艺手法有平绣、镂空绣、贴布绣、丝带绣、钉线绣和珠片绣等。

1. 平绣与服装

平绣是最具代表性的一种绣饰方法。其针法有300多种，在针与线的穿梭中形成点、线、面的变化。通常以局部的形式运用在服装的腰部、领部、裙边、裤边、袖边、袋边等处，突出装饰特点；也可以大面积的整体装饰，使服装上的图案更显立体生动（图3-33）。平绣在女装和童装（如大衣、套装、裙、衬衫、睡衣等）中比较常见，女装通常以华丽、秀美、雅致等风格的图案加以绣饰，童装则比较适合清新可爱的图案。

2. 镂空绣与服装

镂空绣是在衣料刺绣后将图案的局部以溶液腐蚀或剪割的方法产生镂空效果的技术。通常局部或大面积地运用在女装的外套、内衣、衬衫和裙子上，隐约透出底层衣料或者皮肤的颜色、质感，以增强服装的装饰艺术效果，体现出神秘的韵味和着装者优雅和翩姿的风情（图3-34）。

图 3 - 33　平绣与服装

图 3 - 34　镂空绣与服装

3. 贴布（拼布）绣与服装

贴布（拼布）绣是将各种形状、色彩、纹样、质地的片状织物（布）组合成新的装饰图案后，再以贴缝的方法固定在基布上的技法。根据拼贴材质、图案和装饰部位的不同体现着装者的个性，通常局部或大面积用于裙子、外套、裤子和针织衫中。这种抽象语言的运用，可以使服装焕发出不同的特色及风采，或时尚、或另类、或可爱（图 3 - 35）。

图 3 - 35　贴布（拼布）绣与服装

4. 丝带绣与服装

丝带绣是用各种宽窄不同的缎带为原材料，在网眼布、棉麻等质感稀疏、粗犷的面料上，配用一些简单的刺绣针法绣出具有立体质感的图案，通常采用彩色丝带，装饰效果不但有色彩绚丽的华彩，更具备丝绸般的高贵细腻，常用在女装的外套、婚纱、礼服衣料的装饰上，能增强服装的华美感（图 3 - 36）。

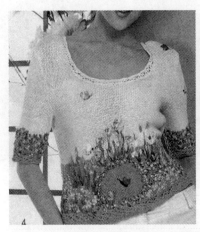

图 3 - 36　丝带绣与服装

5. 钉线绣与服装

钉线绣是在衣料上镶钉各种造型的绳带状饰物来表现装饰图案的技法。在服装设计中，常局部或大面积地运用在裙装、外套和衬衫中，显示出或刚毅、或柔和、或粗犷、或细腻的纹样效果，立体感强。它加强了与基布肌理和质感的对比，突出了服装的设计意图，具有很强的装饰性（图 3 - 37）。

图 3 - 37　钉线绣与服装

6．珠片绣与服装

珠片绣是将各种立体或片状的珠类饰品用线穿起来钉在衣物上来表现装饰图案的技艺，可以用手工也可以通过机器来添加珠片，是表现华贵和富丽的最佳装饰手段。常用于女装外套、连衣裙和针织衫的局部，如领部、胸部、腰部等，也可以在基布上大量使用亮片，引人瞩目（图3-38）。

图3-38　珠片绣与服装

（二）艺术染整与服装

艺术染整是相对于传统手工印染（扎染、蜡染、蓝印花布）和机械染整业提出的一个新概念，是现代艺术扎染、拓印、转移压皱、涂鸦式绘制和拔色等新兴手工印花艺术的总称。通常在外套、裙子和衬衫等服装上，以现代印染科技与扎、缝、包、染、喷、绘、拓、刷、雕、压等方式相结合，小批量制作，创造出区别于普通工业印染审美特征的服饰图案和造型，使衣料体现出个性化特色。例如，图3-39（1）中的裙子衣料运用手工拓、染和刷等手法形成了鸟羽毛般的效果，使裙料上的图案色彩斑斓，别有一番趣味；图3-39（2）中的衬衫衣料则以烂花与彩色印染技术相结合，形成多彩浅浮雕效果，使简单的服装款式营造出让人过目不忘的色彩氛围；图3-39（3）中的衣料运用了热定型压褶和晕染的手法，使原本平面的色块式图案呈现出含蓄而高雅的渐变格调，充分体现了服装设计意图的精彩之处；图3-39（4）中的衣料利用让材料变硬的助剂和热定型原理，用手工自由压皱的手法，使手工染色的衣料在色彩质感上更接近于自然朴素设计风格中要体现的艺术感，突出了服装的整体表现效果。

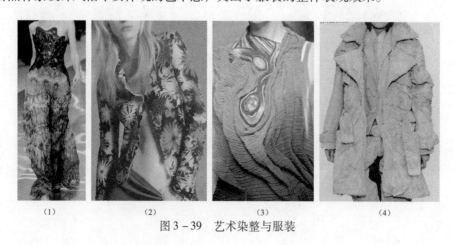

（1）　　　　　　　　（2）　　　　　　　　（3）　　　　　　　　（4）

图3-39　艺术染整与服装

（三）车缝与服装

通过绗缝、皱缩和皱褶等车缝工艺，改变衣料的表面肌理形态，使其形成浮雕感和立体感的同时，体现出较强的空间感。

1. 绗缝与服装

绗缝是在两片织物之间加入填充物后进行车缝，从而使衣料产生浮雕感的纹理效果。绗缝具有保温和装饰的双重功能，适用于外套、睡衣和裤装等。可以均匀填充材料后进行绗缝，也可为了强调局部纹理的立体效果在相应部位选择性地填充材料（图3-40）。

图3-40　绗缝与服装

2. 皱缩缝与服装

皱缩缝是将衣料缝缩成褶皱状效果的技艺。通常利用皮筋类线绳使衣料形成无规律的皱缩，用来装饰女裙和礼服上的袖口、肩部和腰部等。这种方法能营造出唯美、浪漫、优雅的风格，充分体现女性魅力（图3-41）。

图3-41　皱缩缝与服装

3. 打褶缝与服装

打褶缝通常是在薄软的衣料上以一定的间隔，从正面或反面捏出有规律或无规则的细褶，以实现立体浮雕结构的技艺。较多地用于女装的外套、裙子和衬衫中。不同的打褶方式使衣料产生多种视觉效果，起到装饰与修饰作用（图3-42）。

图3-42　皱褶缝与服装

（四）钩编织与服装

钩编织是利用各种不同原料、不同粗细的绳子或带状物，通过钩织、编扎、捆绕和扣结等方法，形成疏密、宽窄、连续、平滑、凹凸等外观肌理变化。可根据服装结构和部位的不同，设计不同的钩编织方式，使服装面料整体上具有很强的肌理感和装饰性，可用于表现艺术感较强的大衣、外套、内衣、裙子等（图3-43）。

图3-43　钩编织与服装

（五）材料重组与服装

材料重组是将各种不同材料或不同造型的个体元素，通过不同的单元拼接重组、吊挂、堆叠等手法，重新形成或平均分散、或疏密有致，或根据服装结构灵活聚集的效果，打破普通衣料质感上的平整单一，具有很强的装饰性和立体感。

1. 单元拼接与服装

单元拼接重组，常将相同材质和形体的单元进行均衡排布和固定，根据单元材质的软硬，既可在基础衣料上增型体现，也可以整体镂空减型体现（图3-44），多用于女装的外套、裙子、礼服设计中，能增加设计的高档感。

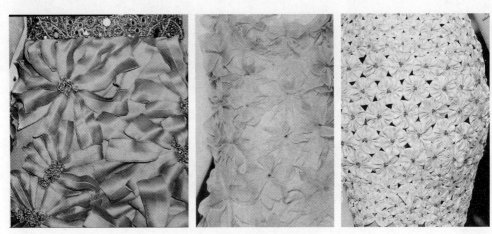

图3-44 单元拼接重组

2. 吊挂与服装

吊挂是指在面料上吊挂各种绳穗、羽毛、布片等装饰材料，或满地吊挂至覆盖底料，或局部吊挂以露出部分底料，从而使吊挂装饰材料与底料形成一定的装饰对比。这种手法多用于女装外套、衬衣和裙子（图3-45）。

图3-45 吊挂与服装

3. 堆叠与服装

堆叠通过多层衣料叠加来营造服装的立体造型，形成一种重叠又互相渗透、虚实相间的别样立体型空间。衣料的重叠可采用同种衣料或多种衣料，以各种叠加的手法来完成。不同层的衣料具有粗细、凹凸的质感对比，使服装产生层次感、丰满感和重量感，获得突出的表面装饰效果，充满视觉冲击力（图3-46），常用于婚纱、礼服、个性女装等装饰感要求较强的服装中。

图3-46　堆叠与服装

（六）衣料破损与服装

在完整的衣料上通过进行镂割（镂孔和切割）、撕拉等方式的破坏，使衣料残缺损毁，产生各种不同的破损形态，这种衣料再设计的方式可营造出一种粗犷不羁、通透灵动的视觉效果。

1. 镂割与服装

镂割（镂孔和切割）是利用激光镂空机械，模仿剪纸艺术特点，将皮革或一些不易散边的机织衣料加工成具有各种条状或孔洞的空透效果。常用于外套、衬衫和裙子等，视觉和触觉上都富有强烈的艺术效果（图3-47）。

图3-47　镂割与服装

2. 撕拉与服装

撕拉是用手撕的方法使衣料的边缘形成随意的肌理效果。衣料构造特点不同所形成的肌理效果也各异，如机织衣料在撕拉外力下可形成须状效果，而针织衣料则形成自然卷曲效果。这种手法一般用于外套、衬衣和裙子的局部造型，也可运用到表现自由随性风格的服装设计中，以增加装饰感（图3-48）。

图3-48　撕拉与服装

衣料再造重新诠释了时尚、传统工艺与现代技术的结合。通过再造的处理手法，不仅使传统衣料表现出炫目的色彩效果和丰富的表面肌理，拥有新的面貌和更高的美学价值，也使服装设计师有了广阔的创造空间。因此，不断推陈出新的衣料再造艺术，不仅是材质风格的创新，也是设计师观念表达和创意的手段，它能激发设计师的灵感和激情，提高其创造意识。

✱ 专业术语

中文	英文	中文	英文
大衣面料	The Fabric of Overcoat	服装生活	The Life of Costume
套装面料	The Fabric of Suit	社交场合	Social Intercourse Occasion
连衣裙面料	The Fabric of One-piece Dress	职业场合	Professional Occasion
外套面料	The Fabric of Surcoat	休闲场合	Casual Occasion
衬衫面料	The Fabric of Underlinen	居家场合	Housebound Occasion
裙装面料	The Fabric of Skirt	夏季面料	The Fabric of Summer
裤装面料	The Fabric of Jump-suit	冬季面料	The Fabric of Winter
衣料再造	Recreation of Textile	春秋季面料	The Fabric of Spring and Autumn

❋ 学习重点

1. 掌握衣料与服装单品（大衣、套装、连衣裙、外套、衬衫、裙子、裤子、睡衣、家居服、运动服、作业服、服饰品）的关系。

2. 了解衣料与季节（春、夏、秋、冬）的关系。

3. 了解衣料与场合（社交场合、职业场合、休闲场合、居家场合）的关系。

4. 了解衣料再造的方法、效果与服装的关系。

❋ 思考题

1. 大衣、套装、连衣裙、外套、衬衫、裙装、裤装、家居服、运动服、作业服的衣料有哪些特点？

2. 以自身生活为例，简述春、夏、秋、冬服装衣料的特点。

3. 社交场合、职业场合、休闲场合、居家场合衣料有何特点？如何选用？

4. 收集面料并分析其适用的服装类别、季节和场合。

5. 衣料再造有哪些方法，其效果如何？

专业理论与应用认知——

衣料与成衣技术

> **课程名称：** 衣料与成衣技术
>
> **课程内容：** 衣料缝制前准备
>
> 衣料与服装样板造型
>
> 衣料与服装裁剪工艺
>
> 衣料与服装缝制工艺
>
> 衣料与熨烫工艺
>
> 典型衣料与服装加工技术
>
> **课程时间：** 4 课时
>
> **教学目的：** 服装生产是服装产业链中的重要组成部分。通过本章的学习，使学生了解企业服装生产前衣料基本性能测试的常用方法，以及衣料性能和风格与服装样板造型、裁剪工艺、缝制工艺及熨烫工艺的关系，掌握特殊材质衣料（如薄透类衣料、丝绒面料、蕾丝织物、条格衣料、皮革、毛皮等）的服装加工技术。
>
> **教学方式：** 多媒体讲授及实物、图片认知。
>
> **教学要求：** 1. 了解企业服装生产前衣料基本性能测试的常用方法。
>
> 2. 了解衣料与服装样板造型、裁剪工艺、缝制工艺及熨烫工艺的适应关系。
>
> 3. 掌握特殊材质衣料（如薄透类衣料、丝绒面料、蕾丝织物、条格衣料、皮革、毛皮等）的服装加工技术。

第四章 衣料与成衣技术

服装生产是服装产业链中的重要组成部分。在工业化生产模式下，衣料对服装生产的影响日益凸显。无论企业规模还是生产批量的大小，服装企业在衣料方面遇到的问题都是雷同的。人们希望在服装生产之前就能确定并掌握所用衣料的特性，以便事先采取适当的工艺方法和手段，避免在服装生产时出现问题而影响质量和效率。例如，伸缩率大的面料在铺料时容易出现张力不均，导致裁剪后的衣片尺寸大小不一的现象，这就需要在裁剪之前采取预缩衣料、无张力铺料、修正样板等方法，以保证服装裁片尺寸的精确度；而耐热性差的面料在裁剪时会因裁刀温度过高引起裁口熔融，导致裁片边缘状态不良，此时必须使用低速的裁剪设备，适当减少铺布层数，从而避免问题的产生。又如，熨烫工艺受时间、压力、温度、湿度四个因素的影响，因此，需要关注面料的耐热性、色牢度等性能与熨烫工艺之间的关系。耐热性较好的面料，熨烫的温度可相对较高，色牢度较差的面料则须降低熨烫温度。

根据实际生产中所涉及的问题，本章就衣料与缝制前准备、衣料与服装样板造型、衣料与服装裁剪工艺、衣料与服装缝纫工艺、衣料与熨烫工艺以及典型衣料与服装加工技术作一一介绍。

第一节　衣料缝制前准备

在服装生产之前，首先需要全面了解所选面辅料的各种性能（厚度、质量、变形性、悬垂性、弹性、收缩率、色牢度、耐高温程度、面料气味等）特征，以便采取相应的技术措施，确保服装品质。衣料出厂检验的规则和方法详见第二章，此节主要介绍服装企业生产前测试面辅料基本性能的常用方法。

一、伸缩率测试

伸缩率是指衣料（织物）受到水和湿热等外部因素的作用后，纤维从暂时平衡状态转到稳定平衡状态过程中发生的伸缩程度。衣料（织物）伸缩率的大小主要决定于原材料的特性及其加工过程中的处理方法和条件。例如，普通黏纤和天然纤维标准回潮率高，其织物在水和湿热作用下伸缩率较大；织物密度较小的方向，有较大的伸缩空间，故织物的经向伸缩率往往比纬向伸缩率明显；织物织造和后整理定型时的拉伸作用，可促使织物有较大的伸长，但下机尤其是受到水和湿热作用后，往往产生较大的收缩现象。此外，服装制作、洗涤和熨烫过程中，湿热与外力不断作用，也导致了服装尺寸的不稳定性。其中，面辅料的缩水率对服装水洗尺寸变化的影响最大；面料与缝纫线收缩率的差异，会使服装线缝处臃肿缩拢；面料、衬料、里料的收缩率不匹配，会引起服装表面不平服、起吊或里子外露等现象。因此，在面辅料投入生产前必须逐批测定其水洗和干洗后的收缩率数据，并将此作为样板设计中衣片长度和宽度缩放的依据，从而使成衣尺寸规格符合设计要求。

伸缩率的测试通常分为自然伸缩率测试和湿、热收缩率测试。

（一）自然伸缩率测试

自然伸缩率是指织物在自然状态下（没有任何人为作用和影响）受到空气、水分、温度及内应力的影响所产生的伸缩程度。自然收缩情况较多发生在机织物中，而针织物则常因剪切后纱线失去在线圈结构中的相互牵制而产生伸长。

测试方法：先从仓库中取一匹衣料，测量并记录其长度和宽度，然后将整匹衣料展开，在没有任何压力、常温条件下静放24h，再进行复测，最后通过计算得出衣料的自然伸缩率，计算公式为：

自然伸缩率 = ［（初始测量数据 − 展开静放后测量数据）÷初始测量数据］×100%

（二）湿、热收缩率测试

湿热收缩率是指织物在成衣工艺中经水浸、喷水、干烫、湿烫等加工处理所产生的收缩程度。它主要取决于纤维的特性、织物的组织结构、织物的厚度、织物的后整理以及收缩率的测试方法等。

1. 水浸收缩率测试

水浸收缩率（简称缩水率）是指让织物中的纤维完全浸泡在水里，并给予充分吸湿而产生的收缩程度。测试方法如下：

（1）采样并测量水浸前数据。在离布匹头、尾各1m以上的部位剪取50cm长的布料，除去两侧布边（针织物、静电植绒类织物两边应除去10cm）后作为试样，测量并记录其长度和宽度。

（2）湿润及其条件。将试样在60℃的温水中完全浸泡，使水分充分进入纤维，15min后取出，然后捋干（不可拧），并在室温下晾干。

（3）测量水浸后数据。待试样晾干后，测量试样长度和宽度。

（4）计算水浸收缩率。水浸收缩率 = ［（浸水前测量数据 − 浸水后测量数据）÷浸水前测量数据］×100%

常用织物的缩水率见表4−1。

表4−1 常用织物的缩水率

衣 料		品 种	缩水率（%）	
			经向（长度方向）	纬向（幅宽方向）
印染棉布	丝光布	平布、斜纹、哔叽、贡呢	3.5~4	3~3.5
		府绸	4.5	2
		纱（线）卡其、纱（线）华达呢	5~5.5	2
	本光布	平布、纱卡其、纱斜纹、纱华达呢	6~6.5	2~2.5
	经防缩整理的各类印染布		1~2	1~2

续表

衣 料		品 种	缩水率（%）	
			经向（长度方向）	纬向（幅宽方向）
色织棉布		线呢	8	8
		条格府绸	5	2
		被单布	9	5
		劳动布（预缩）	5	5
呢绒	精纺呢绒	纯毛或含毛量在 70% 以上的织物	3.5	3
		一般织物	4	3.5
	粗纺呢绒	呢面或紧密的露纹织物	3.5 ~ 4	3.5 ~ 4
		绒面织物	4.5 ~ 5	4.5 ~ 5
	组织结构比较稀松的织物		5 以上	5 以上
丝绸		纯桑蚕丝织物	5	2
		桑蚕丝交织物	5	3
		绉线织物和绞纱织物	10	3
化纤织品		黏胶纤维织物	10	8
		涤棉混纺织物	1 ~ 1.5	1
		精纺化纤织物	2 ~ 4.5	1.5 ~ 4
		化纤仿丝绸织物	2 ~ 8	2 ~ 3

2. 干烫收缩率测试

干烫收缩率（简称热缩率）是指织物在自然干燥条件下熨烫后产生收缩的程度。测试方法如下：

采样并测量干烫前数据，同水浸收缩率测试法。

干烫，干烫温度：印染棉织物——190 ~ 200℃；

合成纤维及混纺印染织物——150 ~ 170℃；

黏纤印染织物——80 ~ 100℃；

印染丝织物——110 ~ 130℃；

毛织物——150 ~ 170℃。

干烫时间：在试样上熨烫 15s。

测量干烫后数据，待凉透后，测量试样的长度和宽度。

计算干烫收缩率：

干烫收缩率 = ［干烫前后长度（宽度）收缩量(cm) ÷ 干烫前长度（宽度）(cm)］× 100%

3. 湿烫收缩率测试

湿烫收缩率是指给予织物水分条件下熨烫所产生的收缩程度。湿烫收缩率的测试可分为喷水熨烫测试和盖湿布熨烫测试两种方法。

（1）喷水熨烫测试法。

采样并测量湿烫前数据，同水浸收缩率测试法。

喷水熨烫，温度条件：同干烫收缩率测试法。

　　　　　湿润条件：在试样上用清水喷湿，水分分布要均匀。

　　　　　熨烫要求：用熨斗在试样上往复熨烫，时间控制在烫干为宜。

测量湿烫后数据，待试样凉透后，测量其长度和宽度。

计算湿烫收缩率：

　湿烫收缩率 =［湿烫前后长度（宽度）收缩量（cm）÷湿烫前织物长度（宽度）（cm）］×100%

（2）盖湿布熨烫测试法。

采样并测量湿烫前数据，同水浸收缩率测试法。

盖湿布熨烫，温度条件：同干烫收缩率测试法。

　　　　　　湿润条件：将一块去浆白平布在清水中浸透，并拧干备用。

　　　　　　熨烫要求：把湿布盖在试样上，用熨斗在试样上往复熨烫，时间控制在盖
　　　　　　　　　　　布熨干为宜。

测量湿烫后数据，同喷水熨烫测试法。

计算湿烫收缩率，同喷水熨烫测试法。

二、色牢度测试

在实际穿着中，服装染色牢度往往受日晒、汗渍、反复洗涤、揉搓等因素的影响。因此，服装生产之前需要根据服装品种和用途的不同有所侧重地对面料和里料进行色牢度测试，以保证其染色牢度指标在使用期限内满足服装的质量标准；并在服装产品标示中标明相应的洗涤方式和熨烫温度，避免因使用不当而影响服装的染色牢度。对普通民用服装面辅料色牢度的测试项目主要有熨烫色牢度和水洗色牢度两种。

（一）熨烫色牢度的测试

熨烫色牢度是指染色物在熨烫时出现的变色或褪色程度。该测试有干法试验和湿法试验之分，而每种试验方法再以不同的温度分成五组。在实际应用时，可根据不同的要求进行适当选择。具体方法如下：

1. 采样

通常在距离布边 5cm 处剪取 5cm×5cm 试样 5 块，同时，准备同样面积的白棉布若干块，作为沾色用。

2. 温度条件

电熨斗的表面温度必须满足在 120~200℃（±5℃）的范围内调节，而电熨斗的自重按底面折算成织物承受压力约为 1.96~2.94kPa（20~30gf/cm²）。熨斗的熨烫温度分为 5 级：200℃、180℃、160℃、140℃、120℃，误差 ±5℃。

3. 测试方法

（1）干法试验。将白棉布平铺在熨烫台上，将试样与白棉布正面相对合，再将熨斗温度

调至规定温度，在试样上放置15s，然后将试样和白棉布按不同的温度编上号，并放置在暗处4h后，与原样对比，按GB/T 250—2008《纺织品　色牢度试验　评定变色用灰色样卡》的规定评定其色牢度。

（2）湿法试验。

①强试验：在熨烫台铺上白棉布，将含水100%的试样与白棉布正面相对合，然后在上面放含水100%的白棉布，再用规定温度的熨斗放置15s，将白棉布和试样布按不同温度编号。

②弱试验：在熨烫台铺上白棉布，将试样与白棉布正面相对合，然后在上面放含水100%的白棉布，再用规定温度的熨斗放置15s，将白棉布和试样布按不同温度编号。

将试样布和白棉布晾干后，与原样对比，按GB/T 251—2008《纺织品　色牢度试验　评定沾色用灰色样卡》的规定评定其色牢度。

（二）洗涤色牢度测试

染色织物的洗涤色牢度与日常生活的关系最紧密，其试验方法如下：

1. 采样

在离布匹头、尾各1m的幅宽中间和边道部位，剪取5cm×5cm、10cm×10cm试样各2块（印花布则应取全各种颜色），并取同样大小的白棉布与试样布正面缝合。

2. 测试条件

50℃温水（如做清水试验，可改用常温）加洗涤剂（无增白剂）或皂粉5g，浴比为50:1，浸渍时间10min。

3. 测试方法

将试样放入洗涤液中，用机械或手工搅拌，也可往复搓洗10次，10min后用清水漂清，随后晾干（如烘干，温度不可超过60℃）。通过对原样和褪色后试样之间的色差以及未沾色白布和沾色白布之间色差的对比，按标准GB/T 250—2008进行色牢度评定。

三、耐热度测试

耐热度测试的目的主要是鉴定在高温加工条件下，织物的物理性能和化学性能是否发生老化或损害现象。耐热性也称耐老化性，它与服装生产中的铺料层数、熨烫温度等技术参数密切相关，是服装生产前必须测试的面辅料性能之一。具体方法如下：

1. 采样

在距离布匹头、尾各1m的幅宽部位取10cm×10cm试样2块（印花布则必须取全各种颜色）。

2. 温度条件

棉织物——190～200℃；

丝织物——110～130℃；

毛织物——150～170℃；

合成纤维及其他混纺织物——150～170℃（试验温度一般高于工作温度10～20℃）。

要求电熨斗的表面温度能够在 80～200℃ 的范围内调节。

3. 工作压力

控制在 1.96～2.94kPa（20～30gf/cm²）。

4. 试验方法

把试样放在熨烫台上，然后将调至试验规定温度的熨斗放置在试样上，静止压烫 10s。

5. 评定方法

待试样完全冷却后，通过目测和理化测试方法以及试样与原样外观和性能指标的对比，评定其耐热和耐老化程度。例如，将原样与试样作对比，观察试样是否有变黄或变色情况；是否有硬化、熔化、皱缩、变质等变化；是否仍保持原有的多种强度、牢度等物理、化学特性。

第二节　衣料与服装样板造型

由于面料缩率和质量、厚度、松紧度、悬垂和伸缩等性能直接影响服装的造型，因此，成衣（样衣）生产中常根据不同的款式和面料性能对相应的样板进行必要的技术处理。

一、面料缩率与服装样板

在成衣生产过程中，工业样板基本上用纸板制作。由于纸板与服装面料、里布、衬、内衬及其他辅料在性能（尤其是缩率）上有很大的差异，这对成品的规格影响很大，因此，在制作样板时必须加以考虑。

（一）水浸收缩率

对于未经缩水处理的面料，制板时需参照以下公式进行计算：

$$L_1 = L_2 / (1 - S\%)$$

式中：L_1——未经缩水的面料制板时该部位的纸样长度，cm；

L_2——缩水后成品规格中该部位所需的长度，cm；

$S\%$——所用面料的水浸收缩率（缩水率）。

例如：采用一般精纺面料缝制裤子，裤长的成品规格是 100cm，裤口的成品规格是 42cm，经向的缩水率是 4%，纬向的缩水率是 3%，样板制作时纸样的裤长、裤口分别是

纸样裤长　　　　　$L_1 = 100 / (1 - 4\%) = 104.1$（cm）

纸样裤口　　　　　$L_1 = 42 / (1 - 3\%) = 43.3$（cm）

（二）干烫收缩率

对于未经热缩处理的面料，制板时需参照以下公式进行计算：

$$L_1 = L_2 / (1 - R\%)$$

式中：L_1——未经热缩处理的面料制板时该部位的纸样长度，cm；

    L_2——热缩处理后成品规格中该部位所需的长度，cm；

    $R\%$——所用面料的干烫收缩率（热缩率）。

例如：采用一般精纺面料缝制西服上衣，衣长的成品规格是74cm，经向热缩率是2%，样板制作时的衣长是：

$$L_1 = 74 / (1 - 2\%) = 75.5 \ (cm)$$

通常情况下，面料的热缩率不是单一的。有些裁片还烫有黏合衬，此时既要考虑面料的热缩率，又要考虑衬的热缩率，通常将二者黏合后再测算其热缩率，从而确定适当的制板尺寸。

（三）其他缩率

除缩水率和热缩率外，制板时还需考虑缝缩率等因素的影响。缝缩率与织物质地、缝纫线性质、缝制时上下线张力、压脚压力以及人为等因素有关。

二、面料厚度及松紧度与服装样板

面料的厚度及松紧度与服装样板的关系密切，对于不同厚度及松紧度的面料，同样款式造型的样板尺寸处理是不同的，主要体现在：放松量的加放、里外匀的量、缩缝量和缝份量等，尤其是翻领的领面、领里，驳领过面的翻折量以及缝制时的缩缝量，在服装工业样板制作时应加以重视。

（一）放松量加放

对于同样的款式造型，厚型面料在样板制作时通常比薄型面料需多加放松量，同时，厚型面料要避免抽褶和斜裁等造型设计。

（二）领面

由于厚度的影响，在制作翻领类领子和翻驳领的驳领部位的样板时，必须考虑领面和领里、过面与前衣片的差异因素（即里外匀），其翻折量的大小视面料的厚薄决定，面料越厚，差量越大；反之，则越小。

以翻领为例，其样板的技术处理如下：

（1）首先以裁剪图上所得的领子作为领里的净样板。

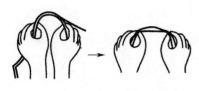

图4-1　领面与领里大小差异

（2）如图4-1所示，将两片面料重叠并弯曲成翻领状，此时所得的上下层面料长度的差量就是领面翻折线的松量（即里外层差异），中等厚度面料的差量通常为0.3~0.4cm；而领面外围绕到里领一侧的量（即领面坐份、里外匀的量）通常为0.2cm左右，实际制板时应随面料厚薄的变化作适当增减。

（3）领面样板制作如图4-2所示。

以上制得的是领面的净样板，在此基础上四周加放1cm作为缝份后即为裁剪样板。领里

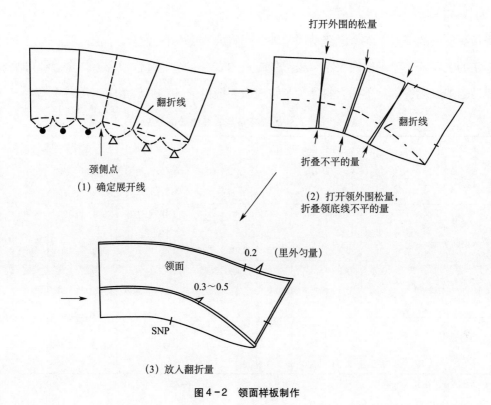

（1）确定展开线

（2）打开领外围松量，折叠领底线不平的量

（3）放入翻折量

图4-2　领面样板制作

则直接在图4-2（1）图的基础上加放1cm的缝份即可。

（三）缩缝量

由于服装造型的需要，制板时某一部位有时需放出一定的缩缝量（俗称吃势），造成两片相拼接的部位不等长，长出的部位需在缝制时加以缩缝，如前后肩线、袖子的袖山吃势、袖子的前后袖缝等。如图4-3中，后肩线大于前肩线0.5cm，其中0.5cm就是缩缝量。

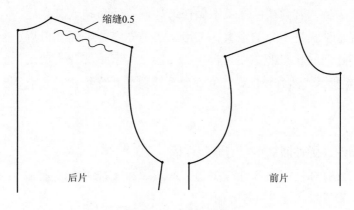

图4-3　后肩缩缝量

决定缩缝量大小的因素除服装自身的造型外，面料厚度及松紧度的影响极其重要。在服装造型相同的情况下，质地厚而疏松的面料缩缝量要大些；质地薄而紧密的面料缩缝量要小些。

（四）缝份

样板缝份量的确定，除考虑缝型因素外，面料的厚度和松紧度也不能忽视。通常情况下，质地厚实的衣料、长丝织成的衣料、组织较疏松的衣料在缝制过程中容易产生缝纫滑脱现象，因而要适当加放缝份量。不同衣料品种与常规服装缝份的基本加放量关系见表4-2。

表4-2　衣料品种与常规服装缝份的关系

衣料品种	薄料		衬衫类		裤类		有里套装		秋冬外套、大衣			
	雪纺纱	乔其	双绉	府绸	卡其	牛仔布	精纺华达呢	精纺花呢	粗纺花呢	法兰绒	大衣呢	双面呢
质量（g/m²）	15〜25	40〜50	60〜70	100〜120	220〜250	420〜530	220〜250	270〜300	320〜350	370〜420	450〜580	600〜700
缝合缝份（cm）	0.8〜1.0	0.8〜1.0	1.0	1.0	1.0〜1.2	1.0〜1.2	1.2〜1.3	1.3	1.3	1.3	1.3	1.3
折边缝份（cm）	2.0〜2.5	2.0〜2.5	2.5〜3.0	2.5〜3.0	3.0〜3.5	3.0〜3.5	3.5〜4	4	4.5	4.5	5	5

注　上表设置的基本前提如下：
1. 排除设计的因素，如褶裥、塔克、抽褶等。
2. 表中数据为最基本的缝份标准，排除衣料档次等因素（一般情况下，高档服装在长度方面的缝份较宽于普通服装）。
3. 有关缝份的加工机械设定为最常用的三线包缝（码边）。

三、面料悬垂性与服装样板

悬垂性是面料在悬挂时产生柔和衣褶以及随身贴体的能力，悬垂性好的面料可用于斜裁的服装，而面料悬垂性的好坏与样板的关系甚密。以整圆裙或大斜裙为例，若裙摆的样板不做任何处理，经悬挂或着装后的裙摆大多会出现水平长短不一的现象，常用方法是先缝合平面裁剪后的裙片，在裙摆不处理的状态下穿在人台上24h后，将下垂部分修剪成水平状，如图4-4所示，然后根据修剪的部位及修剪的量在纸样的相应位置进行修正即可。

四、面料伸缩性（弹性回复率）与服装样板

伸缩性面料主要有弹性织物和针织织物，这些面料在样板处理上主要体现在放松量、省道量和缝份量等方面。

（一）放松量

伸缩性面料使服装具有良好的活动功能性，因此除非特殊需要，此类服装只需较小的放松量。对于弹性特别大的面料，不但不需要在人体

图4-4　整圆裙裁片缝合后人台悬挂修剪

围度尺寸的基础上加放放松量，而且还可以参考弹性系数缩小其尺寸。例如，采用含有莱卡等高弹材料的伸缩性面料制作瘦身服装如泳衣、体操服时，可以适当减少三围净尺寸作为其成品规格尺寸，使服装既便于运动又充分体现人体的曲线。

在某些设计中，常通过增加放松量来形成独特的造型。如图 4-5 所示的领型十分适合圆机针织衣料，为了充分利用衣料的横向弹性，A 款通过加大领线外口弧线的长度达到优雅丰满的领部造型效果，B 款则是利用延长插肩袖线所设计的领部造型。

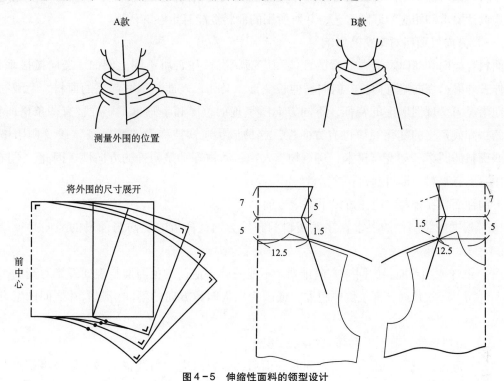

图 4-5 伸缩性面料的领型设计

（二）省道量

对于用伸缩性面料制作的外套，通常在衣片省道处加烫黏合衬，此时省道的量不需改变。较厚的伸缩性面料应考虑适当减少省道的份量，并可去掉肩背部的吃势份量。

（三）缝份量

伸缩性面料的服装一般由包缝机、绷缝机等花色机和平缝机进行缝制。在使用包缝机缝合时，为了使面料缝合后线迹漂亮，常对缝份进行切边，因此，伸缩性面料纸样的缝份量应是纸样的正确缝份量和切边量之和。一般情况下，单层包缝缝份量为 0.75cm，双层为 0.75 ～ 1cm，包缝底缝（折边）则在折边宽的基础上增加 0.5cm。

第三节　衣料与服装裁剪工艺

裁剪是服装生产过程中的第一道工序，主要是将面料、里料、衬料及其他材料按划样要求剪切成衣片。裁剪流程通常为：排料→铺料→划样→裁剪。

在进入服装裁剪工艺环节之前，需要辨别衣料的正反面和经纬向。相关知识参考《服装材料学・基础篇》第五章内容。

一、衣料与排料

排料是裁剪的基础，它决定着每片样板的位置及使用面料的多少。排料前必须清楚地了解款式设计要求和相应的缝制工艺，并对所用的面料性能有足够的认识。

（一）方向性面料对排料的影响

面料有经向和纬向之分，二者的性能和表面状态往往有所不同。例如，经向挺拔垂直，不易伸长变形；纬向略有伸长；斜向易伸长变形。又如，表面起绒或起毛的面料，毛绒的排列往往沿经向呈现倒顺毛的特征，不同方向所呈现的色泽和手感也不一样；有些条格面料，颜色的搭配或条格的变化规律也有方向性，这种形状通常被称为"顺风条"或"阴阳格"；还有些面料的图案（如花草树木、建筑物、人物、动物等）呈明确的方向性。因此，不同衣片在用料上有直料、横料和斜料之分。

方向性面料在排料时应注意以下两个方面：

（1）根据服装制作的要求，注意用料的布纹方向，样板的经向与面料的经向必须排列一致。

（2）纸样要顺着面料的同一方向排列，不能一顺一逆，以免因面料表面纤维对光的折射效果不同而引起衣片缝合部位倒顺色差，或因为面料图案方向的不同引起衣片之间图案方向性错位。

（二）面料色差、疵点、污渍对排料的影响

对于有色差、疵点、污渍等质量问题的面料，排料时应适当调整纸样，尽量将疵点等不足之处安排在次要部位。例如，对色差明显的面料可巧妙地将色差等级相近的部位排在相互缝合之处（如前裤片的裆部与侧缝处），并注意零部件与大身衣片就近排列，以降低色差等级差异。

二、衣料与铺料

（一）方向性面料对铺料的影响

由于面料方向性问题，服装批量生产中，其铺料的方式主要有单向和双向两种。

1. 单向铺料

将各层面料的正面朝一个方向铺设，从而使每层面料的方向都一致。有方向性的面料须采用此方式，且铺设的层数必须是双数（不对称的裁片除外），如图4-6所示。

2. 双向铺料

将面料一正一反交替展开，各层面料之间呈正面与正面、反面与反面相对，从而使上下层面料的方向都相反，如图4-7所示。素色织物、无方向性且正反面无明显区别的织物可选择此方法。

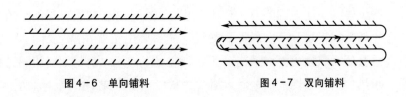

图4-6 单向铺料　　　　　　图4-7 双向铺料

（二）面辅料熔点与铺料厚度的关系

铺料的层数主要由面辅料的性能和裁剪设备的加工能力等因素所决定，而与铺料厚度关系最为密切的性能是面辅料的熔点。耐热性能差的面辅料铺层不宜较厚，否则，由于刀片温度很高，裁剪过程中产生的摩擦热量不易散发，面料容易受损伤。但是，适当控制铺料厚度，可以使裁剪产生的摩擦热量临界于使面辅料熔融的状态，便于面辅料层与层之间的黏着起到准确定位的作用。因此，实际应用中应根据不同面辅料的性能，确定合适的铺层最大值。

三、衣料与裁剪

不同衣料对裁剪机械会产生不同的切割适应性。组织细密、薄而平整的织物裁剪切割性较好，裁片边缘漂亮；组织疏松、厚重型织物或有弹力的衣料，裁片边缘的精度往往较低，且易变形，见表4-3。因此，应选择与衣料可裁性相适应的裁剪机械，制作工业样板时还要考虑相应的放松量和加宽缝份。

表4-3　衣料的可裁性

边缘评价	漂亮	中等	不精确	粗糙、凹凸
边缘图像				
代表性衣料种类	化纤或混纺的薄针织物、丝绸薄型织物、毛圈组织、缉缝布等	薄型棉织物、精纺毛织物、中厚型织物、天鹅绒等	中厚棉布、粗纺毛料、软皮革、弹力布等	牛仔布、帆布、皮革等

第四节　衣料与服装缝制工艺

一、衣料与缝线、缝针

不同的缝针、缝线对衣料所产生的缝纫效果是不同的，因此，在选择针线及线迹密度时不仅需要遵循与衣料配伍这一基本原则，还应进行多种试验，以取得最佳缝纫效果。

（一）衣料与缝线

衣料与缝线的关系首先需要考虑两者在色彩、材质及性能等方面的配伍。就色彩而言，起加固作用的缝线应选择与面料的颜色一致，起装饰作用的缝线应选择与面料的颜色相协调；就材质而言，厚衣料选择粗线，薄衣料选择细线。如需要用粗线在薄衣料上缝制的线迹起装饰作用，则应注意避免对织物表面的损伤。此外，应尽量使原材料与面料相同或相近的缝线，以保证其缩率、耐热、耐磨等性能的一致，避免因缝线与面料之间的差异而引起服装外观质量不良；就性能而言，如弹性变形较大，尤其是具有诸如阻燃、耐高温、防水等特殊功能的衣料，其缝线也应具有相应的性能和功能要求。

（二）衣料与缝针

缝针的规格主要根据加工对象即缝制的面料和缝线的品种特性而定。一般情况下，缝制薄型面料选用小号针（细针），缝制厚型面料选用大号针（粗针）。若用粗针缝制薄型面料，则会出现明显的针孔，不仅影响外观，甚至会损伤面料；若用细针缝制厚型面料，不仅因为细针强度小而容易折断，而且由于细针刚度小，缝制时会产生振动或变形，造成跳线现象，影响加工质量。对某些特殊性能的衣料，还应考虑选用特制的机针品种。例如，针织物一般要选用球形针尖的机针，以避免织物受到损伤。而针与线也需考虑配伍问题，否则，缝制过程中会因运线不流畅而产生断线、跳线等现象。表4-4列举了一些典型衣料与缝针、缝线的配伍关系。

表4-4　衣料与缝针、缝线的配伍

衣　料	缝纫条件		机缝			手缝		
			缝线 [tex（英支）]	机针 (#)	针距 (/3cm)	缲边线 [tex（英支）]	锁眼线、钉扣线 [tex（英支）]	手针线 (#)
棉麻	薄	纱布 巴里纱 上等细布	棉丝光线7.4（80）、 5.8（100） 涤纶线6.5（90）	9	13～15	棉丝光线 7.4（80） 涤纶线6.5（90）	棉丝光线11.7（50）、 9.7（60） 涤纶线9.7（60）	8、9
	普通	细、中平布 府绸	棉丝光线9.7（60）、 7.4（80） 涤纶线9.7（60）	11	14～16	棉丝光线 9.7（60）、7.4（80） 涤纶线9.7（60）	棉丝光线14.6（40）、 11.7（50） 涤纶线9.7（60）	7、8
	厚	厚型牛仔布 坚固呢 帆布	棉丝光线9.7（60）、 7.4（80） 涤纶线9.7（60）	11、14	14～16	棉丝光线 14.6（40）、11.7（50） 涤纶线9.7（60）	棉丝光线29.2（20）、 19.4（30） 涤纶线19.4（30）	6、7
丝绸	薄	绡 乔其纱 薄纺	丝机缝线9.7（60）、 5.8（100） 涤纶线7.4（80）	7、9	13～15	丝机缝线9.7（60）、 5.8（100） 涤纶线7.4（80）	丝机缝线9.7（60） 涤纶线9.7（60）	9
	普通	双绉 素绉缎 双宫绸 绢纺	丝机缝线9.7（60）、 5.8（100） 涤纶线7.4（80）	7、9	14～16	丝机缝线9.7（60）、 5.8（100） 涤纶线7.4（80）	丝机缝线11.7（50） 涤纶线11.7（50）	9
	厚	重绉 织锦缎	丝机缝线9.7（60） 涤纶线9.7（60）	9、11	14～16	丝机缝线9.7（60） 丝手缝线	丝锁缝线14.6（40）	8、9

续表

缝纫条件 衣料			机缝			手缝		
			缝线 [tex（英支）]	机针 (#)	针距 (/3cm)	缲边线 [tex（英支）]	锁眼线、钉扣线 [tex（英支）]	手针线 (#)
毛	薄	派力司 凡立丁 高支毛料	丝机缝线 9.7（60） 涤纶线9.7（60）	11	13～15	丝机缝线 9.7（60） 丝手缝线	丝锁缝线 14.6（40）	8
	普通	华达呢 哔叽 薄、中花呢	丝机缝线 9.7（60） 涤纶线9.7（60）	11	14～16	丝机缝线 9.7（60） 丝手缝线	丝锁缝线 14.6（40）	7、8
	厚	粗花呢 麦尔登呢 大衣呢	丝机缝线 11.7（50） 涤纶线11.7（50）	11、14	14～16	丝机缝线 9.7（60） 丝手缝线	丝锁缝线 14.6（40）	6、7
化纤·交织·混纺	仿真丝	涤丝雪纺 涤丝双绉	丝机缝线9.7（60） 涤纶线9.7（60）、 7.4（80）	9	14～16	丝机缝线 9.7（60） 涤纶线9.7（60）、 7.4（80）	丝机缝线 14.6（40） 丝锁缝线 14.6（40）	8、9
	仿棉	人造棉	棉丝光线 9.7（60）、7.4 （80）涤纶线9.7 （60）、7.4（80）	11	14～16	棉丝光线9.7（60） 涤纶线9.7（60）、 7.4（80）	棉丝光线 14.6（40） 丝锁缝线 14.6（40）	7、8
	仿毛	仿毛华达呢 仿毛花呢 粗纺腈纶呢	丝机缝线11.7（50） 涤纶线11.7（50）、 7.4（80）	11	14～16	丝机缝线9.7（60） 丝手缝线	丝锁缝线 14.6（40）	7、8
针织	薄	真丝针织	针织用弹力线	7、9	14～16	针织用弹力线	丝锁缝线 14.6（40）	8、9
	普通	棉针织汗布 棉珠地网纹		9、11				
	厚	棉针织绒布 针织提花布	针织用弹力线	11	14～16	针织用弹力线 手缝线	丝锁缝线 14.6（40）	8
皮革		天然皮革	丝机缝线 皮革专用强捻线 14.6（40）、 9.7（60）	14～16	11～12	皮革专用强捻线 14.6（40）、 9.7（60）手缝线	丝锁缝线 19.4（30）、 14.6（40）	皮用手缝针
		人造皮革						

二、衣料与缝口处理

（一）衣料与缝口强度

一件衣服由衣片组成。衣片与衣片相互结合的部位称为缝口，缝口的牢固程度即为缝口强度。服装缝制的外观质量和穿着寿命，很大程度体现在缝口的性能上，缝口强度是缝口性能中最为重要的指标。

当缝口所受的拉力达到缝口强度时，缝口就遭到破坏。缝口破坏的形式有两种：缝纫线断裂和面料破损。前者发生在面料强度较高、缝纫线强度相对较低的情况下，此时，缝口的破坏是由缝纫线的断裂所造成；后者发生在缝纫线强度较高、面料强度较低的情况下，此时，缝口的破坏是由缝口附近的面料纱线滑脱直至产生纰裂所致。服装面料产生纱线滑脱的现象既有面料本身的纤维材料、组织结构、加工处理等方面的原因，也有因款式设计（如紧身、多分割线等）和缝制工艺（如服装开口尺寸及滚边工艺、锁眼工艺、缝型选用等）处理不当所引起。

因此，在服装缝制之前，需对面料进行认真分析，必要时可对其进行破损性缝口强度测试，确定其纱线的滑脱强度。对于易产生纱线滑脱的面料，可采用以下方法加以避免和解决：

（1）服装款式宜宽松，避免紧身合体的造型；适当增加放松量和放宽开口部位的尺寸，以减少面料纬纱的横向拉力。

（2）服装结构设计宜简洁，尽量少用分割线，从而减少面料的分割和缝边，避免纰裂现象的产生。

（3）服装缝制时，在缝边上加烫黏合牵条（图4-8），以增加缝边部位经纬纱间的附着力，直接提高服装在服用过程中的抗拉伸力。缝型选择时，不宜选一次缝合的一边倒缝和分开缝，宜选二次缝合的来去缝、外包缝、内包缝或缉压缝（图4-9）等，以提高缝口的抗拉能力。

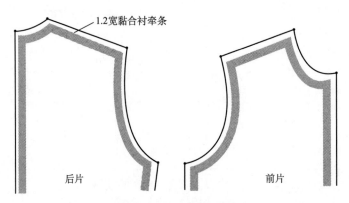

图4-8　缝边加烫黏合牵条

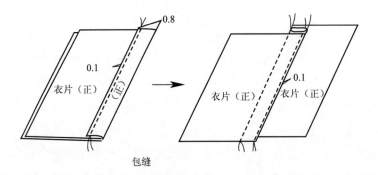

包缝

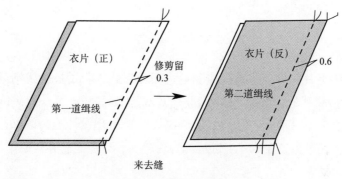

图4-9　缝边二次缝合

　　（4）为避免扣眼处面料的纱线滑脱，可在扣眼处面料的反面烫上黏合衬，并车上缝线，以增强局部抗拉力；厚型面料可通过适当加宽锁边的宽度或上浆的方式处理。此外，还可以用拉链、扣环、揿扣和装饰扣等来替代扣眼，使面料不被剪破。

　　（5）对于易产生纱线滑脱的面料，应采用加里布的工艺，以缓冲缝口受力，从而减轻面料的纱线滑脱现象。

（二）衣料与缝口缩皱

　　缝口缩皱是指面料经缝制加工后沿缝口产生的变形现象，如缝口凹凸不平、长度缩短、起皱、上下层面料移位等，如图4-10所示。缝口缩皱在缝制过程中经常出现，对服装的外观质量有很大的影响。

　　缝口缩皱的产生由多种因素造成，其中最主要的因素是缝纫机械的作用、面料的性能及缝制时的操作技术等。

　　面辅料性能不同，缝制后产生的缩皱情况也不同。一般情况下，轻薄柔软的面料缝制时易产生缩皱；针织面料缝制时常产生上下层移位现象；面料沿经向车缝缩皱较大，沿纬向车缝缩皱较小。因此，当被缝合的两片面料的性能有显著差异，或两片面料的缝合方向不一致

图4-10　缝口缩皱现象

时，就会因面料尺寸稳定性的不同而产生缝口缩皱；若缝纫线与面料的缩水率相差较大，服装经洗涤后也会产生缝口缩皱现象。实际生产中，除尽量避免将性能差异较大或不同方向的面料一起缝合之外，车缝轻薄、柔软的面料时，选用细机针和针孔小的针板，或在面料上垫上一张薄纸以增加缝合厚度（缝后将纸除去），减少缝纫机张力的作用。

　　缝口是依靠缝纫机进行缝制的，缝线在缝制过程中会受到很大的张力。缝合后，缝线在自然状态下回复收缩也会造成缝口缩皱现象。此外，缝纫机的性能和工作状态（如缝纫机上下张力的大小、送布牙的形状、针板的形状、针的粗细、针尖的造型、压脚的摩擦力和压力的大小、机器的转速、线迹的密度等）、缝制时的操作技术（如手势动作）及缝纫设备的选择都是产生缝口缩皱的因素。因此，应根据缝制面料的性能和缝口的特点，调整缝纫机至最合适的工作状态，或采用上下差动缝纫机克服手工操作技术上的不足，避免缝口缩皱的产生，

确保面料具有良好的可缝性。

三、衣料与缝边

缝边即指服装裁片的边缘，它有光边和毛边两种形式，除了极少规则裁片的一边可利用织物的光边外，大多裁片的边缘是毛边。毛边的纱线容易脱散，而一旦纱线脱散，就会影响缝口强度、外观质量和服用性能。因此，服装制作时要合理设计缝边的工艺方法，且在加工时尽早包缝（锁边），避免先在裁片上进行如省道缝制、口袋缝制等其他作业。

（一）弧线缝边处理

弧线缝边在服装上主要表现在公主线、加贴边的领围、袖围等部位，其处理方法主要根据面料的厚薄加以选择，如图4-11、表4-5所示。

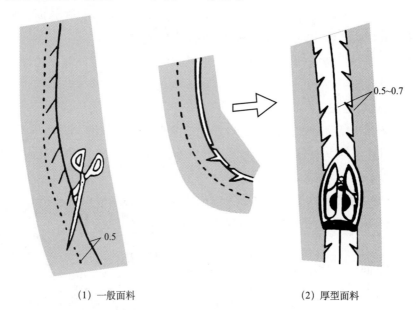

（1）一般面料　　　　　　　　　（2）厚型面料

图4-11　衣料弧线缝边处理

表4-5　衣料弧线缝边处理

面料质地	弧线合缝的缝边处理方法
薄透型	拼合后缝份修剪成0.3cm，不必打剪口，拉直缝份即可
中厚型	拼合后缝份修剪成0.5cm，在弧度较大部位斜向裁剪最小限度的剪口
厚　型	拼合后缝份修剪成0.5～0.7cm，在弧度较大部位，将两个缝边稍微错开，斜向剪剪口，再分缝烫开

（二）衣料直线缝边处理

直线合缝在服装中应用最广，缝边的处理方法也很多，常见的有三线包缝、边端车缝、包缝、来去缝和滚边缝，实际应用中应根据面料的类型和加工方法合理选用。

1. 三线包缝

如图4-12所示，将缝边进行三线包缝（锁边）后车缝，这是最常用的缝边处理方法，适合各种面料。

2. 边端车缝

如图 4-13 所示，把缝边边缘折进 0.5cm 后再在离边 0.2~0.3cm 处缉线，将缝边固定，此方法多用于薄型的棉、麻、化纤面料的缝边处理。

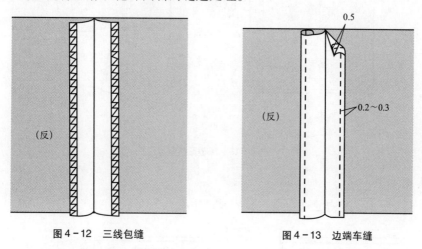

图 4-12 三线包缝   图 4-13 边端车缝

3. 包缝

针对薄型、中厚型和厚型面料，有三种包缝处理方法，如图 4-14~图 4-16 所示。

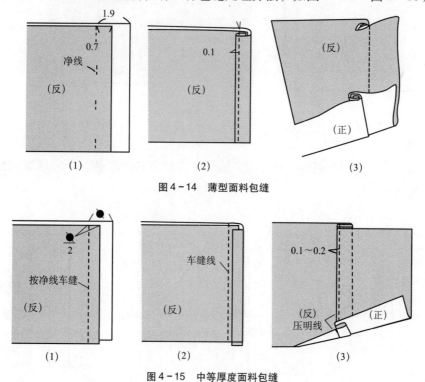

图 4-14 薄型面料包缝

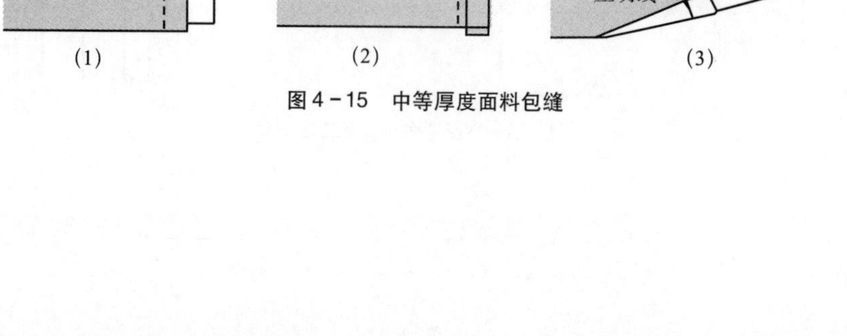

图 4-15 中等厚度面料包缝

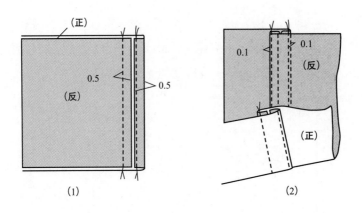

图 4-16　厚型面料包缝

4. 来去缝

如图 4-17 所示，来去缝适合薄透且容易产生毛边的面料缝制。

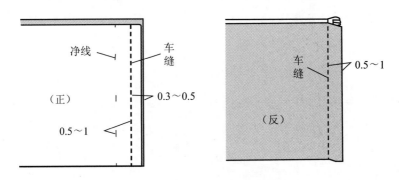

图 4-17　来去缝

5. 滚边缝

采用斜布条进行缝边处理的一种方法，适用于高档面料的服装，不同厚度面料的处理方法如图 4-18 所示。

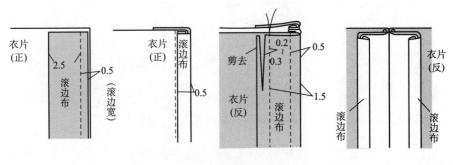

（1）适合中厚型面料的滚边缝

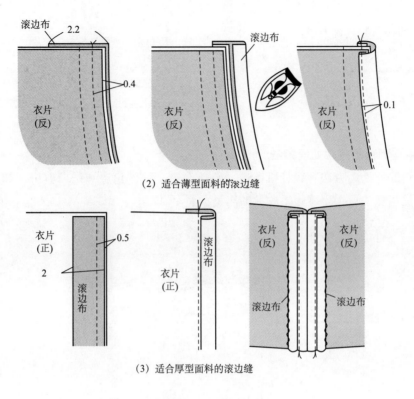

(2) 适合薄型面料的滚边缝

(3) 适合厚型面料的滚边缝

图4-18 滚边缝

四、衣料与底摆

缝纫过程中，底摆的处理方法随面料质地的不同而有所区别。

（一）薄型面料的底摆处理方法

薄型面料的底摆处理通常有以下三种方法。

方法一：三折边后车明线，如图4-19所示。其中，不完全三折缝的方法适合不透明的薄型面料，完全三折缝的方法适合透明的薄型面料。

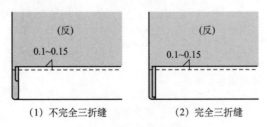

(1) 不完全三折缝　　　　　(2) 完全三折缝

图4-19 三折边后车明线

方法二：烫好折边缝份后，再用明缲针将底摆与衣片固定，如图4-20所示。

方法三：三线包缝后再车明线，如图4-21所示。

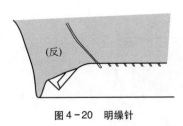

图 4-20　明缲针

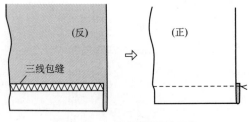

图 4-21　三线包缝后再车明线

（二）厚型面料的底摆处理方法

厚型面料底摆处理方法有包缝机锁边、斜条滚边、织带包边和锯齿剪法，如图 4-22 所示。其中，锯齿剪法适用于缝边不脱散的厚型面料。

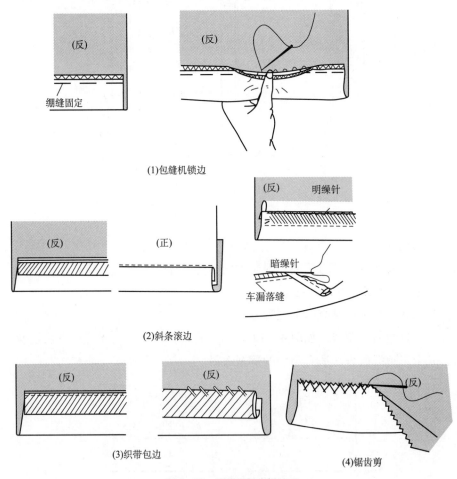

(1)包缝机锁边

(2)斜条滚边

(3)织带包边

(4)锯齿剪

图 4-22　厚型面料底摆处理

五、衣料与省道

薄型面料省道处理通常有省道向一边倒压烫和省道分烫两种方法，如图 4-23 所示。

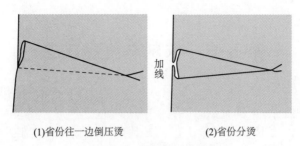

(1)省份往一边倒压烫　　　　(2)省份分烫

图4-23　薄型面料省道处理

　　厚型面料省道处理通常有剪开分烫、垫布和剪开、垫布混用三种方法，如图4-24所示。其中，垫布法和剪开、垫布混用法适合中厚型面料。

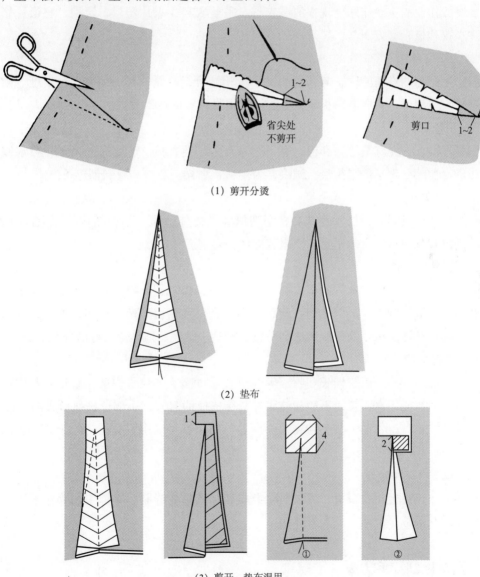

（1）剪开分烫

（2）垫布

（3）剪开、垫布混用

图4-24　厚型面料省道处理

第五节　衣料与熨烫工艺

熨烫工艺是服装制作的基础工艺，在缝制技术中占有重要的地位。从衣料测试、预缩、整理到成品的完美形成，都离不开熨烫工艺，尤其是高档服装的缝制，更需要运用熨烫技艺来保证缝制质量和外观造型。

一、熨烫对衣料的作用

服装熨烫作业的主要作用体现在测试衣料、平整衣料、衣片塑形、定型、整形、修正弊病及消除水花和极光等方面。

（一）测试衣料

在服装生产前的准备阶段，与其他测试手段相结合，对面辅料的缩率、色牢度、耐热度等性能进行熨烫测试，为服装制板、裁剪和缝制提供可靠的技术数据。

（二）平整衣料

在服装缝制前，尤其是毛料和棉、麻、丝等天然纤维衣料，需要通过喷雾、喷水熨烫等不同方法进行预缩处理，烫平折痕、皱痕，为排料、划样、裁剪和缝制创造条件。

（三）衣片塑形

通过推、归、拔等熨烫技术和技巧，塑造服装的立体造型，弥补结构制图上没有省道、撇门及分割设置等造型技术的不足，使服装立体、美观。

（四）定型、整形

在半成品缝制过程中，衣片的很多部位（如折边、扣缝、分缝等）要按工艺要求进行平分、折扣、压实等熨烫操作，以达到衣缝和褶裥平直以及贴边平薄、贴实，且具有持久的定型效果。而通过整形熨烫，能使服装达到平整、挺括、美观、适体等良好的外观形态。

（五）修正弊病

利用纤维和织物的膨胀、伸长和收缩等性能，通过喷雾、喷水熨烫，修正缝制中产生的弊病。例如，对缉线不直、弧线不顺和缝线过紧等造成的起皱，小部位松弛形成的"酒窝"，部件长短不齐，止口、领面、驳头和袋盖外翻等弊病，都可以用熨烫技巧给予修正，以提高成衣质量。

（六）消除水花和极光

通过垫湿布进行轻、快熨烫，可以消除半成品和成品在缝制、熨烫中因操作不当产生的水花、极光以及倒绒、倒毛、反光等弊病。

二、熨烫主要形式和方法

随着服装设备制造业的发展，先进的蒸汽整形熨烫机械已逐步在服装生产中使用，但缝制过程中的半成品小烫作业以及单件、小批量的制作，尤其是高档服装的缝制熨烫还是依赖于传统、基本的熨烫技艺。

在服装缝制过程中，主要有缝制前裁片的熨烫、缝制过程中半成品的熨烫以及缝制后成品的熨烫三种形式。

（一）缝制前衣片熨烫

在裁片缝制前，根据人体特点运用推、归、拔等熨烫技术和技巧，塑造服装的立体造型，弥补结构制图上的不足。其中，归烫是指通过归拢使织物热塑变形。如图4-25（1）所示，以衣料底边中间 O 点为归烫聚点，围绕 O 点沿弧线推动熨斗，归拢直丝缕的经纬间隙，直至将凸出的弧形底边烫直［图4-25（2）］。相反，拔烫是指通过拉伸使织物热塑变形。如图4-26（1）所示，以衣料底边中间 O 点为聚合点，沿弧线推动熨斗，拔开直丝缕的经纬间隙，直至将凹进量拔出并烫平［图4-26（2）］。

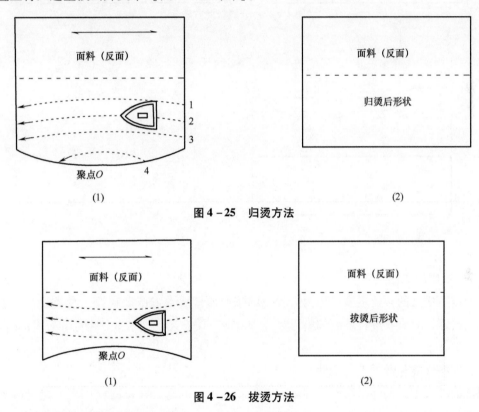

图4-25　归烫方法

图4-26　拔烫方法

（二）缝制过程中半成品熨烫

在缝制过程中，对半成品进行熨烫，即边缝制、边熨烫，通常被称为小烫。它分散在缝制中的各个环节和各道工序，如局部烫黏衬、敷黏合牵条、烫省、缝烫缝份等。半成品熨烫有多种操作技艺，如分缝熨烫、扣缝熨烫、部件定型熨烫等。其中，分缝熨烫又称分烫或劈缝熨烫，主要用于将缝好的缝份按需要分熨开。分缝熨烫如图4-27所示，先在衣料反面拨开缝份，并用熨斗尖烫干缝份，随后在衣料正面盖上水布将其烫平。扣缝熨烫主要用于上衣底边、袖口边、裤子裤边、裤底边等，分平扣烫和缩扣烫。平扣烫如图4-28（1）所示，先在衣料反面翻折一定宽度的折边并扣倒熨烫，随后在衣料正面烫平。缩扣烫如图4-28（2）

所示，主要用于圆角部位扣烫，取圆形面料和直径略小的圆形硬纸板各一块，在纸板四周翻折相等宽度折边并归烫，随后在衣料正面整烫。

按照具体的熨烫部位，正确地运用各种熨烫技艺，有效地维护和巩固前期衣片的归拔效果，使缝制中的部位平整、服帖，为成衣品质打好基础。

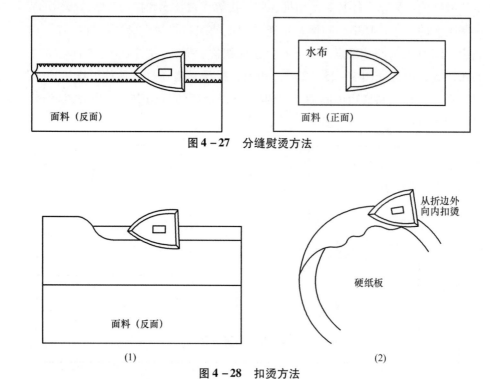

图 4 - 27　分缝熨烫方法

图 4 - 28　扣烫方法

（三）缝制后成品熨烫

对缝制后成品的整烫定型，称为大烫。即按照质量要求，借助整烫工具及设备，采用合适的熨烫技术，对成衣进行最后的整形和定型熨烫，使服装达到平整、挺括和美观的效果。

三、衣料性能与熨烫工艺条件

熨烫的基本工艺条件是温度、湿度、时间和压力。通常，在极限范围内，温度越高，熨烫时间越长，压力越大，织物的定型效果则越好。但由于各种纤维的耐热性有所不同，因而根据纤维的耐热性及织物的厚度来设定熨烫温度、时间和压力是非常重要的，否则会因温度过高带来衣料的变色、软化、炭化甚至熔化等不良现象。

（一）面里料与熨烫工艺条件

1. 温度

熨烫的工艺条件中最重要的是温度的控制，它主要由面里料的耐热性所决定。因此，在熨烫之前，要根据面里料的耐热性确定其熨烫的最佳温度。温度过高，面里料会产生烫黄、烫焦、变形等现象，严重的甚至会熔化；温度过低，则达不到预期的熨烫效果。表 4 - 6 为不同面里料的熨烫温度及熨烫要点。

表4-6 不同面里料的熨烫温度及熨烫要点

面里料所用纤维	适当熨烫温度（℃）	危险温度（℃）	熨烫要点
棉	180~200	240	宜熨烫，不易伸缩或产生极光，但形状保持性较差。喷水后用高温熨烫，深色面里料应在反面熨烫
麻	140~200	240	与棉类面里料相仿
毛	120~160	210	宜在半干时从反面垫湿布熨烫，以免产生极光或烫焦，或直接用蒸汽熨斗在面里料反面熨烫
蚕丝	120~150	200	宜在半干状态下在反面熨烫，如正面熨烫则需垫衬布。去皱纹可覆盖湿布，并用熨斗压平。不能用水喷，尤其是柞丝绸面里料，以免产生水迹。过高的温度会使面里料泛黄
黏胶纤维或铜氨纤维	120~160	200~230	粗厚类面里料熨烫要点同棉类面里料，轻薄类面里料需在反面衬棉布熨烫，温度可稍低。最好用蒸汽熨烫，否则，可喷水或在半干状态下熨烫
醋酯纤维	120~130	170	适宜在面里料略带潮湿时或晾干后反面轻烫，温度务必要低
锦纶	120~150	170	一般不必熨烫，特别是白色面里料，多烫易发黄。必须熨烫时，应在反面垫湿布低温操作
涤纶	140~160	190	一般不必熨烫或仅需稍加熨烫
腈纶	130~150	180	宜垫湿布熨烫，熨烫温度不宜过高，时间不宜过久，以免引起收缩或极光
维纶	120~150	180	因维纶不耐湿热，熨烫时不得带湿或喷水或垫湿布，以防引起收缩或发生水迹（水迹可重新落水去处理）。熨烫温度切忌过高
丙纶	90~110	130	因丙纶不耐干热，所以纯丙纶服装不宜熨烫。其混纺织物熨烫时，必须采用低温并且垫湿布，切忌直接用熨斗在织物正面熨烫

2. 湿度

熨烫湿度对熨烫效果有直接影响，它与面里料的性能和熨烫的方法有关。通常，熨烫时都需对面料喷水或水蒸气，以提高其可塑性。尤其是纯毛面料，它的吸湿性、弹性都较好，导热性较差，故在操作时必须加湿熨烫。加湿熨烫的温度可在干烫的基础上适当提高，熨烫湿度应根据面料的吸湿性、回弹性以及熨烫方法来决定，如归拔量大时，湿度需高。需强调的是，在对面料的正面进行加湿熨烫时，必须加盖湿布。

3. 压力和时间

熨烫压力的大小要根据材料、款式、部位而定。例如，真丝织物、人造棉织物、人造毛织物、灯芯绒、平绒、丝绒等面料，用力不能太重，时间不能过长，否则会使纤维倒伏而产生极光；厚而密、回弹性好的面料，熨烫时所施加的压力可适当增大，时间也可长些；而对于毛料西裤烫迹线、西服止口等部位，则应用力重压，以利于折痕持久，止口变薄。

实际操作时，熨斗通常应沿面里料经向缓慢移动，以保持面里料丝缕顺直，并使热量在纤维内渗透均匀、充分膨胀和伸展。切记，不宜在某一部位停留过久或压力过大，以免烫坏面里料或留有熨斗的痕迹。

在工业化生产中，熨烫时间通常包括加热时间和冷却时间，从而使服装达到相应的定型作用。被熨烫衣物经抽真空吸风冷却后，定型保持率明显提高。冷却时间越长，定型的保持效果越好。

（二）黏合衬与熨烫工艺条件

无论采用何种黏合衬或黏合设备，黏合过程都是由四个要素控制，即温度、时间、压力和冷却。若要达到理想的黏合效果，必须对四个要素进行合理的组合。

1. 温度

每一种黏合树脂都有其有效温度范围。温度太高，容易使树脂渗透到面料的正面；温度太低，树脂的黏性不足，难以与面料黏合。通常，树脂的熔化温度在130~160℃，最佳黏合温度在黏合衬出厂时所规定温度的±7℃之间。

2. 时间

黏合时间是指面料与黏合衬在加热区域受压力的时间，它由黏合衬中树脂熔化温度的高低、黏合衬的厚薄、黏合面料的性质（如厚薄、疏密）等因素来确定。

3. 压力

当树脂融化时，在面料与黏合衬之间需要施加一定的压力，其目的是：保证面料与黏合衬之间的全面接触；以最佳的水平传递热量；使熔化的树脂以均匀的穿透力与面料中的纤维相结合。

4. 冷却

黏合工序后要进行强制冷却，以至于可以马上直接用手触摸。冷却的方法有多种，如水冷、压缩空气循环冷却及真空冷却。

第六节　典型衣料与服装加工技术

一、薄透衣料与服装加工技术

（一）衣料特性

薄透类衣料透明、轻薄、柔美，但结构疏松、牢度差、收缩性差。

（二）设计要点

（1）整体轮廓造型应适当增加放松量，尽可能避免十分紧身的造型。

（2）避免过多的服装结构分割线，不适合采用收省方法来满足造型需求，省道的量以抽褶代替较为合适。

（3）要特别注重在腰部和袖部加入相应松份，或根据造型需要有意识地加强袖部和下装的量感，以达到相应的设计效果。

（4）开口的处理应与造型设计相结合（如扣环处理等），或将开口、扣子作为设计要点统一考虑。为减少开口引起的缝线外观不良等情况，通常在设计中考虑缩短开口的长度或将开口放在侧缝线上。

（5）适合运用斜裁、抽褶、花边、打褶等具有装饰性的手法。

（6）通常根据设计需求选用最薄的衬布（以不影响衣料的悬垂感为宜），且在服装设计中尽可能减少黏衬的面积。对于特别柔软薄透的丝绸衣料，其用衬要采用本色衣料或真丝、绡等代替黏合衬。

（7）里料的配伍通常以不透明且滑爽为宜，悬垂性与面料相符，里料的色彩要与面料相协调。

（三）裁剪要点

（1）通常应避免用点线器在裁片上作记号，以免划伤布面，同时避免使用划粉，容易留下痕迹且难以清除。除了采用消失笔以外，传统高级服装的制作通常采用打线丁的方法，如图4-29所示。打线丁时通常要适当放松针迹，每隔几针用回针做些线圈，以免面料滑动，使样板变形。

（2）为在缝制前固定衣片或试衣，经常用手针进行假缝，且尽可能用走针滑爽的细针和细丝线。

（3）裁剪前务必注意将面料经纬纱调整成垂直状态，将纸样轻轻放在其上后，用大头针固定，然后进行裁剪。

（四）缝纫要点

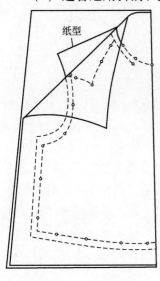

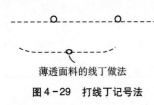

薄透面料的线丁做法

图4-29 打线丁记号法

由于其特殊的材质特征，薄透类衣料的缝制方法选择直接影响其成衣的质量。为避免车缝时缝边向上卷起，可以将缝纫机的上下线调松些，也可在面料下面垫薄纸一起缝合，然后撕去，再用熨斗烫平。由于衣料薄透，从服装表面可以看到缝头，因此每一道缝线都要缝合得很仔细，使缝头平齐均匀。

薄透类衣料通常有四种缝份处理方法，如图4-30所示，可根据衣料的薄透程度加以选择。

薄透程度一般或是诸如涤纶织物等强度较高的薄透类衣料，可采用先缝合再三线包缝的工艺，或直接采用密三线包缝的工艺，三线包缝线一定与面料颜色一致。

薄透程度高的衣料比较适合来去缝工艺。

高档的丝绸衣料可选用细腻的包缝工艺，以增加服装的价值感。

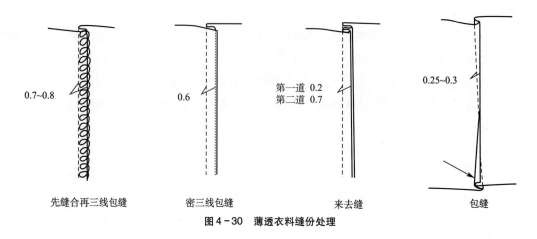

| 0.7~0.8 | 0.6 | 第一道 0.2
第二道 0.7 | 0.25~0.3 |

图4-30 薄透衣料缝份处理

二、丝绒衣料与服装加工技术

（一）衣料特性

丝绒表面具有密集的绒毛，且形成优雅的光泽。根据所用纤维、纱线造型、染整工艺的不同，织物所展现的光感、装饰性、悬垂性等风格也有所不同。例如，以真丝乔其为地的丝绒具有极佳的悬垂性和手感；黏胶人造丝为原料的丝绒具有非常亮丽的光泽；烂花乔其绒在薄透的地组织中浮现绒组织的图案，具有很强的装饰性；夹金丝绒的绒面闪烁着金属的光辉；染色丝绒（尤其是深色）最能充分体现丝绒的材质美；轧花丝绒由于对绒面进行了热处理，故表现出特有的光影及浮雕感，等等。由于绒毛的阻力使得丝绒衣料难以进行常规的裁剪、上机缝制和缉直线，熨烫时易出现失光、倒绒等现象，因此需要作特殊的技术处理。

（二）设计要点

（1）丝绒因拥有丰厚的毛绒及优良的悬垂性通常给人以沉重的材质印象，因而在注重服装整体感的同时，应尽可能根据衣料的材质特点采用简洁明快的服装造型风格。过分的表面装饰、大量的堆砌及造型上的夸张不适合丝绒材质特征。

（2）为了更好地体现衣料的悬垂性和完美的光感，应避免采用过多的分割线或在醒目处收省道。

（3）设计时应充分考虑衣料的厚度，加入适量的放松量，柔和自然的造型线更能体现其高雅的服装品位，同时也大大降低缝制难度。

（三）裁剪要点

（1）丝绒在运输过程中往往因折叠时间过长而产生不美观的折印和色光。一般的处理方法是将衣料朝里对折，分别均匀地对两面喷蒸汽。去除衣料中的湿气并完全冷却后方可进入裁剪工序。

（2）由于丝绒衣料有倒顺毛、倒顺色的特性，因此，在裁剪时可以选择顺毛裁剪或逆毛裁剪。前者比较常用，其成衣色彩较后者浅，毛感毛向不会产生太大的逆效果，服装穿着寿命长；后者成衣色彩华丽，更显优雅、绮丽，但会起毛、倒毛、起球等，服装穿着寿命短。但无论顺毛裁剪还是逆毛裁剪，一般整件服装的排料方向要一致（图4-31），以免成衣产生色差。在进行裁剪前，通常先将衣料悬挂在人台上确认其逆顺方向，并做好

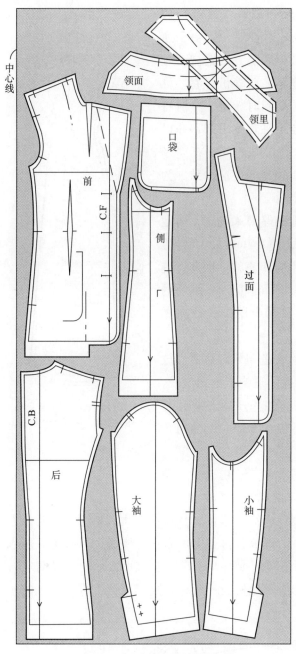

图4-31　丝绒衣料排料方向的一致性

标记。

（3）丝绒质地柔软、易滑动，裁剪时不易找到正确的丝缕方向，通常以抽纬纱的方法来确认。

（4）由于丝绒为单方向排料的衣料，故在衣料用量估算时应适当考虑余量。

（5）丝绒衣料在裁剪过程中极易移位，工业裁剪中尽可能控制铺料层数，并适当加大缝份（2.5cm左右）。同时，由于丝绒的绒毛有一定高度，若按常规两层同时裁剪，则容易造成上下层衣片错位、衣身左右不对称或长短不一致等现象。因此，对于绒毛较高的丝绒衣料，必须一层一层地、对称地裁剪衣片，既保证衣片长短一致，又防止裁成"一顺"片。

（6）由于大部分丝绒衣料都比较柔软，因此，即使是单件裁剪，也应备有纸样。对于高档工艺的服装，由于不能直接用丝绒衣料进行假缝，所以，裁剪前最好用手针在各衣片间隙处先将丝绒衣料与较硬实的白细布进行绗缝，然后用大头针将纸样固定其上，再用划粉将各衣片划在白细布上，最后将白细布与丝绒衣料同时裁剪。而且，由于丝绒缝制易产生缝线歪斜，故在制作工业样板时要比一般衣料的裁片多增加刀眼，做好对位标记。此外，由于绒毛有一定的高度，丝绒衣料车缝不宜绱直，因此，省道最好设置在斜纱部位，并且尽量避免采用明线分割的形式。

（四）缝纫要点

（1）丝绒质感柔滑，在缝制过程中极易移动走样，缝合线较长时，往往会出现上下裁片不齐或缝份歪斜现象。因此，对于特别长的裁片通常先将其悬挂于人台24h，然后在自然悬垂的状态下做出缝合记号，如图4-32所示。

（2）由于丝绒衣料绱缝时缝份不易咬齐，缝纫前应事先绷缝好，通常以9[#]手缝针、

7.4tex（80英支）涤纶线在实际完成线偏外一根纱线处进行假缝，且在2~3针距里做一个回针以防止裁片滑动错位。由于逆毛缝合易产生参差不齐的现象，所以，应采用顺毛方向缝合，且在缝合时一气呵成，中途尽量少停顿。若缝纫之前缝份打卷，可在卷起的一面垫上薄纸使其展开，再连同薄纸同时缝合，然后将纸撕掉。若缝合后绒毛夹在缝份中，应用锥子将其挑出来，并以绒毛盖住缝份。

（3）薄型丝绒在选配拉链及里料时其质地与厚度应一致。为了不影响丝绒衣料的自然动感，应尽量少用衬布。

（4）缝纫线及机针的选配应根据丝绒地的厚薄来确定，薄地选细针、细线，反之选粗针、粗线，通常采用11.7tex（50英支）左右的丝线、11#或9#机针。由于丝绒衣料不宜缉直线，因此，缝纫针距密度较其他衣料大，一般为13~15针/3cm。同时，缝纫的速度要放慢，缝纫机压脚的压力要调轻。实际应用中往往先做30cm以上的缝纫试验。

（5）缝纫设备尽量采用较新的上下差动式送布牙，并适当放低送布牙的位置和送布状态，使布面移动均衡。适当放松面底线，适当降低缝纫机压脚的压力。为防止上下衣片在缝纫过程中产生移位，尽量选择洞眼小的针板，也可在缝份上垫上薄纸条一起缝纫。

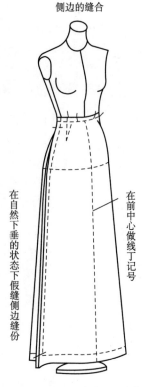

图4-32 丝绒衣料缝制前自然悬垂状态下做缝合记号

（五）熨烫要点

（1）丝绒衣料有光泽、有绒毛，应尽量少熨烫。缝合后，用手指甲将缝份划倒即可，熨烫分缝会破坏衣料的光泽及柔软感。

（2）必须熨烫时，避免高温干烫或在熨烫中用力过度，且需在熨烫衣料时下面要垫上本料，然后，在需熨烫的缝份下面的两侧垫上纸板，再盖上水布进行熨烫，以避免底层衣料受伤。对于短绒类衣料，若必须直接熨烫，则不要打开蒸汽（蒸汽可以加速衣料倒毛），可在衣料背面轻烫，或在衣料下面垫上特殊的丝绒熨烫针板，先喷上蒸汽，再用同色的丝绒作为垫布小心熨烫，如图4-33所示。

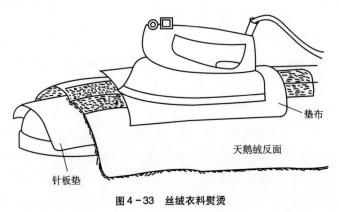

图4-33 丝绒衣料熨烫

（3）黏衬时，不要打开蒸汽。尽量将衬黏在贴边上，不宜直接黏在衣片上。贴边要窄一些，且最好采用同色平纹类衣料。

（4）若不小心将绒毛烫倒，则可将绒料背面放在烧开的水壶嘴上方，用热蒸汽熏。同时，在正面用毛刷刷，使绒毛再立起来。

（5）由于丝绒衣料经黏合衬熨烫后，悬垂性和质感、光感都有别于正身，故其下摆的整齐处理与一般衣料不同，通常以斜料里布和衬芯布代替黏合衬，如图4-34所示。

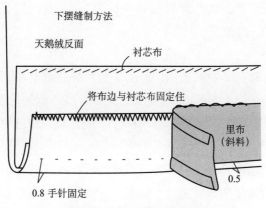

图4-34 丝绒服装下摆处理

三、蕾丝衣料与服装加工技术

（一）衣料特性

蕾丝具有通透、弹力大、易变形、布面图案丰富、华丽高档，并兼具薄透衣料和针织衣料的特点。

（二）设计要点

1. 蕾丝的布边设计与应用

蕾丝按其布边形式可分为直边和波浪边两大类。波浪边有规则型和不规则型之分，规则型中又可分为小波浪边和大波浪边，如图4-35所示。实际工作中应按服装设计的风格选择使用。一般情况下，小波浪边用于领、袖、衣摆等上衣装饰，大波浪边则用于裙边等下半身服装的装饰。

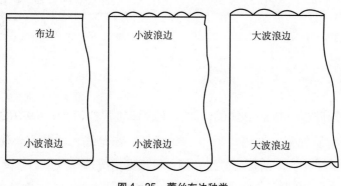

图4-35 蕾丝布边种类

2. 注意图案的特征及完整性

款式设计和样板造型应考虑蕾丝衣料的图案特征及厚薄程度，通常以不破坏图案的连贯性为宜，如较厚实的刺绣蕾丝不宜施以抽褶、打褶等工艺。另外，位于领子等视觉中心部位的图案，应尽可能避免破缝以保持其完整性，若蕾丝处于省道位置上，则尽可能通过省道转移来避开主要图案。

3. 考虑蕾丝布匹长度的限制性

通常中档以上的针织蕾丝，幅宽为 90~160cm。因此，应注意花样与排料的设计，必要时可进行两件套裁，做到合理配置。

4. 里料的配合

里料的匹配原则是与薄透类衣料相同，但由于蕾丝往往带有华丽、高级的材质"表情"，因而在配备里料时应注意给人以良好的视觉品位。例如，高级蕾丝常配备具有优雅光泽的丝绸衣料。此外，为了体现蕾丝所特有的透明效果和魅力，通常配以相应的丝质薄纱和绡等衬里。

（三）裁剪要点

若用蕾丝做衣下摆或裙边，在裁剪时需适当加大衣片下摆的缝份宽度，以防止衣长（裙长）的尺寸在缝纫过程中发生短缺。另外，如图 4-36 所示，在进行蕾丝拼接时还要充分考虑边缘花纹的延续性，通常取曲线的凹部为宜。对于厚型刺绣蕾丝，裁剪时通常保留缝份线上的图案（图 4-37）。

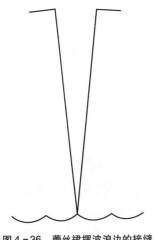

图 4-36　蕾丝裙摆波浪边的接缝

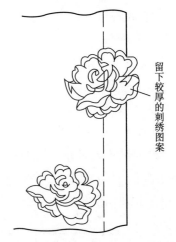

留下较厚的刺绣图案

图 4-37　蕾丝裁剪时缝份线上图案处理

（四）缝纫要点

1. 缝线与缝针

尽量选择与蕾丝同样材质的缝纫线，如棉质蕾丝通常选用 7.4~9.7tex（60~80 英支）的棉蜡光线，合纤材质的蕾丝选用 9.7tex（60 英支）涤纶线，丝质蕾丝通常根据情况选择 5.8~9.7tex（60~100 英支）的丝机缝线。用针可根据情况选择 9#、11# 针，针距通常控制在 14~18 针/3cm。若为针织蕾丝或网状蕾丝，通常在缝制时要垫上 2cm 宽的薄纸，以防在缝纫过程中移位拉伸。

2. 缝份及缝边处理

蕾丝衣料的缝份和缝边处理方法通常有三种（图4-38）。其中，平缝加锁边的方法适合镂空效果较为细密的蕾丝，另两种处理方法适合镂空面积较大的蕾丝。

刺绣图案较厚时，如图4-39所示的两种处理方法。

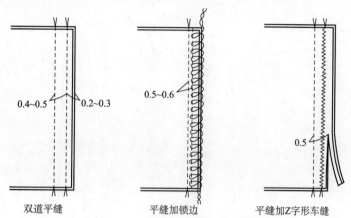

| 双道平缝 | 平缝加锁边 | 平缝加Z字形车缝 |

图4-38 蕾丝衣料缝份和缝边处理

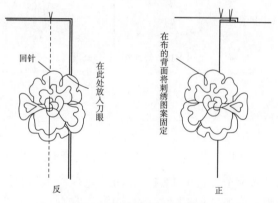

图4-39 刺绣图案缝边处理

3. 纹样的连续

蕾丝幅宽不够的情况下，在裁剪宽大的裙装时，可根据图案四方连续的规律，按衣料的花纹走势进行对花拼接，使纹样得以连续（图4-40）。

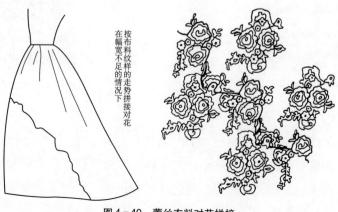

图4-40 蕾丝衣料对花拼接

4. 开口处理

与薄透衣料相似，蕾丝制作的服装不适合使用拉链式开口和直接锁眼，通常可使用挂钩式或在里料上安装拉链，也可利用蕾丝的边缘装饰来遮挡里面的拉链（图4-41）。

用花边装饰的开口，
拉链隐藏于下面的
基础布上

后中心开口

图4-41 蕾丝服装开口处理

四、条格衣料与服装加工技术

（一）衣料特性

条格衣料是以印花工艺或以织物组织、原料纱支或捻度等变化在衣料表面形成条格状花纹。条格衣料千变万化，风格不一，由于涉及方向性和衣料在服装中的对条对格等问题，就服装工艺而言，主要分为对称条格和不对称条格两类。图4-42为上下、左右对称的格子衣料，可套排裁剪。图4-43为上下、左右有方向性的格子衣料，称之"鸳鸯格"，裁剪时应按同一方向铺料裁剪。

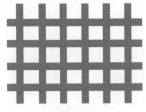

图4-42 对称格

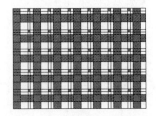

图4-43 不对称格（鸳鸯格）

（二）设计要点

条格衣料的服装设计往往对条格的位置、各衣片间条格的对称排列等提出相应的要求。例如，前后衣片横向格对齐，纵向条对称；大小袖片横向对格，左右两袖纵横格对称；袖子与衣身横向对格；领子与衣身、过面与衣身、过面与衣领、口袋与衣身等部位条格的合理配置，等等。为达到设计要求，成衣生产中需要排料、铺料、裁剪及缝制各工序的相互配合。

（三）预缩与整理

预缩与整理是条格衣料裁剪、排料前提条件。由于衣料在织造、染整过程中受机械力牵伸，纱线间的紧密程度不同使条格的经纬方向不顺直，因此，裁剪之前必须对条格衣料进行高温定型整理，调整其纵横格方向以及上下层纵横格之间宽窄度的一致，同时，稳定衣料纱线的位置，以防裁剪时不对称或变形。

（四）裁剪要点

条格衣料的裁剪要点集中体现在排料和铺料工序中。

由于款式设计时对两衣片相接大多有一定的要求，如两衣片相接后衣料的条格需连贯衔接如同一片完整的衣料；两衣片相接后条格对称；两衣片相接后条格形态成一定角度，等等。这就要求排料时必须将样板按设计要求排放在相应的部位，因而使各片样板的排放位置受到很大的限制。

条格衣料的排料方法可分为准确对格法和放格法两种。

1. 准确对格法

排料时将需要对条、对格的两个部件按对格要求准确地排好位置，划样时将条格划准，保证缝制组合时对正。采用这种方法排料，要求铺料时必须采用定位挂针铺料，以保证各层衣料的条格对准，而且需组合的部位应尽量排在同一条格方向，避免由于衣料条格不均而影响对格。

2. 放格法

排料时先将组合部件中的一件排好，另一件排料时不按样板原形划样，且将样板适当放大，留出余量。裁剪时先按放大后的毛样进行开裁，待裁下毛坯后再逐层按对格要求划好净样，剪出裁片与另一裁片进行组合缝制。此方法比前述方法具有更准确地对格，铺料时也可以不用定位挂针，但不能一次裁剪成型，比较费工和费料，多用于高档服装排料。

此外，排料时应尽可能将需对格的部位画在同一纬度上，其他小附件尽可能靠近排料，以避免衣料有纬斜、条子疏密不匀或格子大小不一而影响对条对格。铺料时尽量确保所有层条格纹路的一致，若整理后的上下层衣料仍无法一致，则应改用单层排料的方法。

（五）缝纫要点

注意缝纫时的对位，必要时先假缝固定再进行机缝。

五、皮革与服装加工技术

（一）衣料特征

皮革衣料表皮漂亮，光泽度、触感、保温性和透湿性良好，用铬处理后有适当的塑性和弹性，但透气性较差、品质和形状不稳定、易掉色，不耐水和热。由于衣料特征的差异性，皮革服装的制作要经过选料、配色、制板、整理、裁剪、缝制等工艺流程。

（二）用具、材料

皮革衣料在裁剪、熨烫与缝制中所用的工具和材料有特别的要求。

（1）缝纫机：皮革服装的缝制可采用家用缝纫机或工业缝纫机，前者可缝制薄质皮革，后者可缝制厚质皮革。

（2）压脚：皮革专用压脚，采用特氟纶材料制成。

（3）机针：缝纫合缝可用 14# 针，压明线通常用 16 ~ 18# 针，厚质皮革可用皮革专用缝纫针。

（4）缝线：合缝用 14.6tex（40 英支）、9.7tex（60 英支）合成纤维缝纫线，压明线可用 19.4tex（30 英支）合成纤维缝纫线。

（5）裁剪用具：裁剪刀、割刀。

（6）划样材料：铅笔、划粉、刮刀。

（7）假缝用具：订书机、夹子。

（8）熨烫要求：熨斗低温熨烫，通常为 90 ~ 100℃。

（9）缝份固定材料（黏合剂）：皮革专用浆料，固定缝份用。

（10）木棒槌：用来敲打缝份，使其固定。

（11）砧木：作为棒槌台使用。

（12）刮刀：刷黏合剂（浆料）时使用。

（三）设计要点

1. 结构设计

根据皮革衣料的张幅和形态做合理的结构线分割，视材质和色彩进行镶拼，或采用诸如镶嵌、轧花、褶裥、编结、缉明线等多种工艺形式，使小块的皮革衣料得以充分利用。

2. 样板制作

（1）由于皮革衣料有一定的塑性与弹性，因而不宜采用归拔工艺，服装样板设计中不仅要考虑此因素，而且应避免设计弧度过大的曲线。

（2）袖山弧线的吃势应比普通机织面料小，最多不能超过袖窿弧长的 6%。

（3）制作工业样板时，缝份的宽度应根据所处部位和制作工艺条件而定，通常缝份的加放量见表 4-7。

表 4-7　皮革纸样的缝份加放量

缝纫部位	缝份宽度（cm）	缝纫部位	缝份宽度（cm）
平缝	1	平缝＋压明线	1.5
下摆线	3.5 ~ 4	袖口折边	2.5 ~ 3
袖山弧线	1	领面、领里	1.5（面）/1（里）

（四）裁剪要点

1. 选料和配色

皮革是动物毛皮经鞣制加工而成，张幅不一、边缘不齐，即使同一张皮，各部位性状也有较大的差异。由于一件衣服往往需要数张革面，故在裁剪前尽可能将色泽质地相近的革料配在一起，并搭配好皮革的优劣等级。

2. 皮面整理

如图4-44所示，革面上的纤维束流向呈放射状，箭头方向不易拉伸且坚硬，而垂直方向则容易拉伸且不坚实。

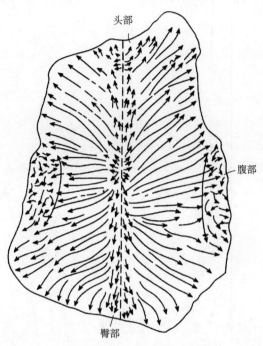

☆皮革上有如图的纤维束流向，箭头方向不易拉伸并且坚硬，
与该方向的垂直方向则容易拉伸并且不坚硬

图4-44 革面纤维束方向

因此，熨烫整理时用90～100℃的低温，按革面纤维束流向进行反面干熨整理，熨平革料原有的折痕、皱纹及波纹（皮革遇水容易出现皮质发硬，应避免使用蒸汽熨斗）。对于难以熨平的部位，必要时可在正面熨烫，但一定要使用垫布。

3. 排料与裁剪

（1）排料。应把革面质地最好的背部排在服装的主要部位（如前后衣片、领部），而腹部等较劣质的革料安排在缝、内袖、领里等次要部位。皮革服装排料示例如图4-45所示。

（2）划样裁剪。样板置于革料的反面，对准纹路，然后沿样板划样，裁片的切面应尽量保持直角。薄而不结实的部分需在反面黏衬后再裁剪。

4. 缝制要点

（1）机针、针距。机针通常采用16～18$^{\#}$，对于较硬、厚的皮革，也可选用大于18$^{\#}$的机针或皮革专用针，但是要相应加大针板孔的直径，否则会出现断线或跳线现象。缝纫针距密度通常为9～12针/3cm，明缉线（装饰线）为6～9针/3cm，过密的针距会破坏皮革的结构。

（2）缝制技巧。采用皮革专用压脚。为解决皮料在缝纫机上走势不好的现象，可将厚度

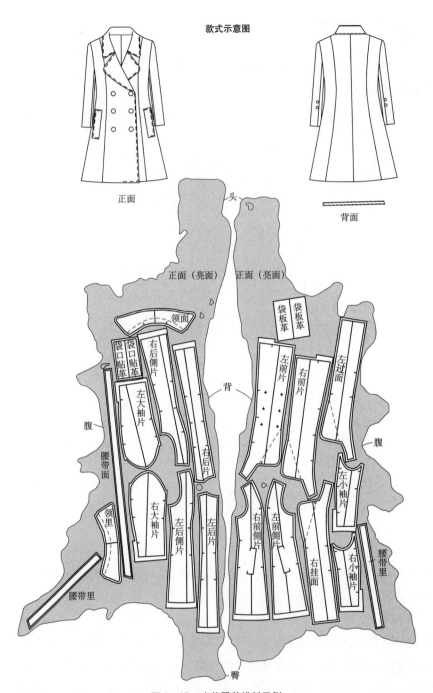

图4-45　皮革服装排料示例

为0.5~0.8mm且韧性好的电工纸剪成1~1.5cm宽的长条，垫在半边压脚的下面，起到辅助送料的作用。

　　缝线的起止一般不回针，而是将线头穿入反面底线中，并打结。若在同一处缝两次或使用细密针距会引起皮革断裂，因此，需缝结实的地方可以平行缝两道线。

　　（3）分缝或折边固定的处理方法。通常将衣片搁置在砧木上，然后用刮刀将皮革专用黏合剂刷在缝份处，用木槌轻轻敲打使之平服，或用低温干熨。

六、裘皮与服装加工技术

（一）衣料特征

裘皮是防寒服装的理想材料，其皮板密不透风，毛绒间的静止空气可以保存热量，并具有相当的耐久性。但由于气候、价格、保管等因素，裘皮在我国大多作为冬季高档服装的点缀装饰（如用于领、袖及其他局部）而存在。

（二）用具、材料

裘皮服装裁剪与制作的工具及材料有绷皮板、大头钉、尺、割皮刀、木槌、裁剪用喷雾器、透明纸、记号笔、皮革专用针、9.7~14.6tex（40~60英支）棉蜡线以及1cm宽的棉牵带等。

（三）裁剪要点

1. 选料与配料

与皮革类似，不同裘皮以及同一张裘皮中各部位的品质是有区别的。因此，如何根据产品要求（毛色、毛长、厚薄以及档次）进行选料，确定其在服装上的主次部位及拼接时花纹图案的完整衔接显得非常重要。此外，对需要拼接或串刀的裘皮料要留出适当的放松量。

2. 检查与整理

（1）检查补正。将毛锋提起，折叠裘皮，逆毛由下而上弧线辗转口吹目测，将加工时伤残的部位找出后剪掉，然后将剪口和需挖补的部位用手针和机针缝合，要求针迹细密。

（2）整理。整理的必须工序是抨皮，有手工和机械两种形式。抨皮是对湿润的裘皮进行反复揉搓，将皮内胶质纤维拱送，使皮板柔软平展，便于裁剪。

3. 裁剪技巧

裘皮服装的裁剪与机织面料有很大的差别，因此，应根据毛被自然生长的刀路和裘皮种类确定走刀的方式、深度、线路以及进刀、上刀的尺寸。通常采用串刀工艺，可使裘皮产生丰富的花纹。裘皮有很强的方向性，裁剪时须注意其毛芒的长短与方向，以保留毛被的天然花色。

（四）缝制要点

1. 机针、针距密度

机针、针距密度的选择，应根据裘皮的厚薄来确定，缝纫时速度要慢，压脚的压力需调小。

2. 缝纫技巧

可采用机缝和手缝两种形式。手工缝制时需将衣片放平后对齐边缘卷缝，如图4-46所示。由于裘皮缉缝时缝份不容易咬齐，因此在机缝前可先用针别好，或先将分成条状或块状的半成品绷缝在一起形成衣片，然后按照衣片的样板进行修正。机缝时应顺毛方向，中途尽量减少停顿，边缝边用锥子将倒伏的毛芒挑到正面，避免正面下窝毛、拴毛。

 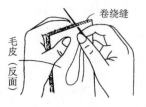 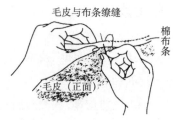

图 4-46　裘皮的手工缝合方法

3. 钉活与整修的技术处理

（1）钉活。钉活是固定半成品或成品外廓型的一种方法，通常在皮板潮湿的状态下进行。先将 20～30℃的水少量地喷在皮板上，然后将湿润的皮板毛向外，按样板将成品或半成品钉在网板上，横竖线缝要钉平直，边缘应齐整，待通风晾干后，皮板的形状就被固定。

（2）整修。整修包括对裘皮和缝线脱落部分的修补。修补毛被中不齐的毛尖及针缝中透过的绒毛，去除成品服装上的灰尘和污渍，整理毛芒使其顺直。对于成品中不平之处，用 90℃的熨斗熨平。

✳ 专业术语

中文	英文	中文	英文
面料性能	Fabric Properties	成型性	Apparel Manufacturing
缝纫平整性	Seam Pucker	黏合衬	Fusible Interlining
测试方法	Test Methods	缩率	Shrinkage
悬垂性	Drapability	服装样板	Pattern
裁剪	Cutting	排料	Marking
铺料	Laying	缝口强度	Commissure Intensity
缝口缩皱	Commissure Crinkle	纱线滑脱	Yarn Slippage
熨烫温度	Iron Temperature	熨烫湿度	Iron Humidity
压力	Pressure	黏烫方法	Fusing Pressing
服用特性	Wearing Characteristic	缝纫	Sewing
工艺	Techniques	条格织物	Stripe and Check Weave

✳ 学习重点

1. 了解企业服装生产前衣料基本性能测试的常用方法。

2. 了解衣料与服装样板造型、裁剪工艺、缝制工艺及熨烫工艺的适应关系。

3. 掌握特殊材质衣料（如薄透类衣料、丝绒面料、蕾丝织物、条格衣料、皮革、毛皮等）的服装加工技术。

✳ 思考题

1. 服装面料测试的目的是什么？

2. 试举出衣料缝制前的测试项目和方法。

3. 在服装样板的制作过程中，需考虑衣料的哪些性能？

4. 举例说明缩率对样板的影响。

5. 衣料的方向性主要表现在哪两个方面？

6. 服装的批量生产中铺料的方式主要有几种，各有什么特点？

7. 确定铺料的层数应考虑面辅料的哪些性能？

8. 衣料与缝针、缝线有何关系？

9. 叙述缝口缩皱产生的原因？

10. 服装底摆的工艺处理应考虑衣料的什么性能？

11. 在成衣生产过程中，熨烫的作用主要体现在哪些方面？

12. 叙述熨烫的工艺条件与面料性能的关系。

13. 黏合过程受哪四个要素控制？

14. 选用黏合衬之前要考虑哪些因素？

15. 丝绒面料在熨烫时应注意什么？

16. 采用蕾丝面料设计服装时应考虑哪些因素？

17. 条格面料在排料时应注意什么？

18. 制作皮革和裘皮服装时需用哪些材料和工具？

衣物保管

课程名称：衣物保管

课程内容：衣物污染

衣物洗涤

衣物整理

衣物储藏

课程时间：2 课时

教学目的：服装需要拥有良好的洗涤性、保形性和储藏性，以保持其品质的稳定。通过本章的学习，使学生了解衣物沾污原理及去污方法，着重掌握水洗和干洗的区别、洗涤剂的选择、各类衣物的洗涤要点，了解衣物洗涤后的整理和储藏方法及其注意事项。

教学方式：多媒体讲授和实物、图片。

教学要求：1. 了解衣物沾污原理和去污方法，着重掌握水洗和干洗的区别、洗涤剂的选择、各类衣物的洗涤要点。

2. 了解漂白、增白、除渍、硬挺、柔软、防水整理的方法。

3. 了解衣物储藏的注意事项。

第五章　衣物保管

服装在使用过程中，需要拥有良好的洗涤性、保型性和储藏性，以保持其品质的稳定。而衣物洗涤、保型和储藏的难易程度，不仅与组成衣物的纤维材料和衣物的加工方法紧密相关，而且与衣物使用过程中所受的污染情况以及洗涤、整理、储藏的方法和条件紧密相关。

前文已经指出，纤维织物是服装的主要材料，因此，本章以纤维类衣物为例，介绍衣物的洗涤、整理及储藏等保管知识。

第一节　衣物污染

衣料及其制品在使用过程中，不可避免地受到来自人体本身及外部的污染。污染的形式和性状多种多样，了解这些形式和性状，对于去除污染、保护衣物有着重要的作用。

一、污垢种类及性质

按化学组成和性质的不同，污垢的类别有水溶性、油性、固体粒子和蛋白质之分；按来源的不同，衣物上的污垢包括来自于人体的汗、皮脂、皮屑及血液、排泄物等分泌物以及来自生活和工作环境的尘埃、食物残渣、化妆品、药品、墨水和机油等。其中，有些物质本身不一定是脏物，但沾在衣物上，不仅会使衣物产生污垢，还可能滋生和繁殖来自空气中的细菌和霉菌，在衣物上留下难以去除的污渍。

衣物污垢的类别和特点见表5-1。

表5-1　衣物污垢类别和特点

性质类别	举例	特点
水溶性污垢	汗、酱油、砂糖、果汁、食盐、淀粉等	沾附后若立刻加以水洗，则能够除净，但也有一些色素不溶于水
油性污垢	皮脂、油脂、食用油、化妆品、机油、涂料等	不溶于水但能溶于有机溶剂，有的能用表面活性剂的水溶液去除。如果残留的油性物质在空气中氧化，形成不溶于溶剂的污渍，就会使纤维变色
固体粒子	煤烟、黏土、沙粒、铁粉、纤维残丝等	既不溶于水又不溶于有机溶剂，主要靠表面活性剂的分散作用去除，有时用拍打或刷子刷除
蛋白质	皮脂蛋白、血液、牛奶、鸡蛋等	刚沾着时是水溶性的，但受热、湿、紫外线等影响后，就会成为不溶于水并难以去除的污渍。这类污渍常需要配制在洗涤剂中的蛋白质分解酶去除

二、衣物与沾污

（一）污垢沾附形式

由于纤维类衣料的构成因素所致，污垢在纤维类衣物中的黏附形式如图 5-1 所示，主要有织物沾污、纱线沾污、纤维沾污以及纤维内部沾污四种类型。

1. 织物（纱线与纱线间）沾污

织物沾污属纱线与纱线间机械附着污物，大部分情况下拍打衣物或用刷子刷除。

2. 纱线（纤维与纤维间）沾污

纱线沾污是由于机械力的作用污物被压入纤维间的，较易去除。

3. 纤维（纤维的表面）沾污

粘附于纤维表面裂缝、凹坑中的微小污物，大部分经洗涤都能除去。

4. 纤维内部（分子结构中）沾污

进入纤维内部的污物。纤维是由分子结构紧密、排列有序的结晶区和结构松散、排列无序的非结晶区构成。非结晶区能吸附汗和污物等，一般的洗涤不易除去，这些污物一旦

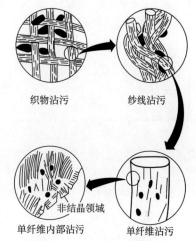

织物沾污　　　纱线沾污

非结晶领域

单纤维内部沾污　　单纤维沾污

图 5-1　污垢的沾附形式

沉积，就会使衣物发黄、发黑。对于纤维素纤维构成的衣物，目前已经使用含酶洗涤剂，依靠纤维素分解酶分解单纤维的非结晶区，去除纤维内部的污垢。

（二）衣物与沾污

由于纤维类衣物的主要构成因素是纤维、纱线、组织结构及后整理，因此，衣物沾污、去污的难易程度与这些因素所造就的衣物表面物理状态和化学特性有相当密切的关系。

1. 衣物表面物理状态与沾污

衣物表面凹凸不平、沟槽多、褶皱，表面积相应增大，因此容易沾污。例如，同样是纤维素纤维，黏纤类衣物由于其纤维表面有纵向沟槽而比棉织物易沾污；短纤维衣物由于表面有较多的茸毛而比长丝衣物易沾污；不加捻的复丝类衣物由于各纤维间有较多的空隙而比加捻的衣物易沾污；经上浆整理的衣物因浆料的黏合作用使纤维紧密抱合而不易沾污（但衣物的沾污去污难易程度还得取决于浆料的化学性质）；经光洁整理的衣物由于其表面变得较光滑而不易沾污，而经拉毛、磨绒、褶皱、轧纹等后整理的衣物因表面蓬松的绒毛或立体凹凸而变得容易沾污；针织物通常由于其线圈结构所拥有的空隙和纱线结构相对蓬松而比机织物易沾污。

2. 衣物化学特性与沾污

衣物的化学特性主要取决于其纤维的化学特性和衣物的染整工艺，因此，纤维和染整助剂的化学组成决定了衣物的化学特性和沾污去污性能。例如，按纤维高分子结构中能与氢原子结合的亲水基团（如—OH、—NH$_2$、—COOH、—CONH 等）的含量，服用纤维可分为亲水性和疏水性两大类。一般而言，油性污迹对亲水性纤维较难沾污，较易去污；对疏水性纤维则较易沾污，较难去污。水性污迹对亲水性衣物较易沾污，较易去污；而疏水性、静电性强的衣物易吸尘。衣物的化学性能与污染性的关系见表 5-2。

表5-2　衣物化学性能与污染性的关系

衣物类别	纤维属性	化学结构性能	沾污、去污性能
羊毛、蚕丝、麻、黏胶、棉、维纶、锦纶纤维衣物	亲水性纤维	分子结构中含有大量或较多的亲水性基团	水溶性污物易沾附，也易去除
丙纶、氯纶、涤纶、腈纶纤维衣物	疏水性纤维	分子结构中只有少量或没有亲水性基团	油污易附着，且难以去除，再污染性很大

第二节　衣物洗涤

　　衣物受污染后，不仅外观不雅，其内在性能如弹性、透气性、保暖性、强度等也会受到损伤，从而影响衣物的使用功能和寿命。此外，污垢分解会产生有害于人体的成分，并为细菌及微生物提供繁殖的条件，从而危害人体健康。为了除去污染物，使衣物回复原始状态，达到长期使用的目的，必须对受污染的衣物进行洗涤。

　　衣物的洗涤方法按洗涤溶剂的不同有湿法洗涤和干法洗涤之分，按洗涤工具的不同又有机洗和手洗之分。

　　到目前为止，人们对洗涤作用的本质尚未彻底了解，也未能精确地描述。通常对衣物洗涤作用基本过程的描述如下：当衣物浸在含有洗涤剂的溶液中时，洗涤剂与污垢、污垢与固体表面之间发生一系列物理化学作用（润湿、渗透、乳化、增溶、分散和起泡等），随后借助于机械搅动或揉搓，污垢从衣物表面脱离下来，分散、悬浮于溶液中，最后经漂洗除去，这是洗涤的主要过程。需指出的是，洗涤过程是一个可逆过程，分散、悬浮于溶液中的污垢也有可能从溶液中重新沉积于衣物表面，使其变脏，这种现象称为污垢再沉积（或织物再沾污）。因此，优良的洗涤剂应具备两种作用：一是降低污垢与衣物表面的结合力，具有使污垢脱离衣物表面的作用；二是具有防止污垢再沉积的作用。

一、衣物湿法洗涤

　　在水中洗涤称为湿法洗涤，简称水洗。由于水的使用较为简单、方便且又经济，所以，家庭中一般采用湿法洗涤衣物。适应湿法洗涤的衣物有棉、麻、合纤或以其为主要原料的纤维制品，内衣、作业服、无里布的服装以及以水溶性污垢为主的洗涤物等。影响湿法洗涤效果的主要是水质、水温、洗涤剂、洗涤力度、时间、脱水和干燥等因素与条件的选择。

（一）洗涤用水

水是湿法洗涤的重要媒体。根据水的含杂情况，有硬水和软水之分。含有较多可溶性钙、镁化合物的水称硬水，反之称软水。水中的钙或镁等重碳酸盐经过煮沸，大部分成为碳酸盐沉淀析出的称为暂时硬度；水中的钙或镁盐不能以煮沸的方法去除的称为永久硬度。洗涤中使用硬水会使肥皂等洗涤剂发生沉淀而降低洗涤效果。此外，钙、镁皂沉积在衣物上，造成斑迹。

在染整加工或洗涤过程中，特别是丝绸和毛料衣物，对水的质量要求较高。故需采取适当的方法，降低水中钙盐、镁盐的含量，此过程称为水的软化。水的软化方法主要有以下几种：

1. 煮沸法

碳酸盐含量过高的硬水，可用煮沸的方法软化。

2. 石灰—纯碱沉淀法

用石灰（$CaCO_3$）和纯碱处理，使水中的钙离子、镁离子沉淀析出，经沉降过滤得到软水。此方法可消除永久硬度，但需相关的设备并经沉降、过滤工艺处理，且残余硬度高，较少使用。

3. 离子交换法

采用阳离子交换剂去除水中的钙、镁等离子，从而得到软水。但使用一段时间后，软化效率降低，需用食盐处理数小时，重新活化，恢复软水能力。

4. 使用软水剂

在硬水中加入一些软水剂便可以达到软化效果。常用的软水剂为六偏磷酸钠，效果最好的是胺的醋酸衍生物如乙二胺四乙酸钠（EDTA）等。

（二）湿法洗涤剂

就广义而言，洗涤剂是指具有洗涤去污作用的有机化合物和无机化合物的总称，但在实际应用中，人们通常将洗涤剂作为湿法洗涤剂的简称。需指出的是，无论何种洗涤方法的洗涤剂，其主要成分都是表面活性剂。市售的各种湿法洗涤剂是在不同表面活性剂的基础上配置了各种不同的助洗剂，以适应不同的纤维材料和污垢种类，并使衣物洗净后能起到一定的后整理作用。

1. 表面活性剂及其作用

表面活性剂（Surfactant）是指具有固定的亲水、亲油基团，在溶液的表面能定向排列，并能使表面张力显著下降的物质。也就是说，表面活性剂通过吸附在溶液的表面，降低溶液表面张力，以达到增加润湿性、乳化性、起泡性的目的。

表面活性剂的种类很多，但其分子结构有一个共同特点，即都是两亲化合物。表面活性剂分子结构由两部分组成：一部分易溶于水，是具有亲水性质的极性基团，称为亲水基；另一部分不溶于水而易溶于油，是具有亲油性质的非极性基团，称为亲油基，又称疏水基或憎水基。

以表面活性剂为主要成分的洗涤剂（如肥皂、洗衣粉等），具有既亲油又亲水的性能，故能很好地与水溶性污垢和油性污垢结合并溶化在洗涤液中，这就是洗涤剂具有去污能力的根本原因。

表面活性剂在衣物洗涤和整理过程中有以下作用：

（1）表面活性作用。洗涤剂浸透到纤维表面，置换纤维表面的空气，使纤维和洗涤剂接触，形成开始的"润湿"。表面活性剂可降低洗涤液的表面张力，有促进"润湿"的作用，从而对洗涤剂的浸透、分散、乳化、增溶、洗净等具有一定的促进作用。

（2）提高洗涤剂对纤维的亲和力。在洗涤初期，通常由于洗涤剂分布不均匀而造成洗涤不均匀。使用增加纤维亲和性的表面活性剂，可抑制不均匀的吸附。

（3）对衣物起整理和保管的作用。在表面活性剂所具有的润湿、乳化、分散、增溶、发泡、消泡、洗涤去污等功能的直接作用下，配以其他助剂，对衣物可起平滑（减摩）、匀染、染料固色、消除静电、杀菌和防锈等作用。

2. 助洗剂及其作用

所谓助洗剂，是指本身不具备表面活性剂的作用，但与表面活性剂一起使用时，能够提高洗涤能力，并使衣物获得更好的洗涤效果的无机盐或有机物。具体而言，助洗剂有以下功效：

（1）使洗涤液有一定的碱度并起缓冲作用。碱性助洗剂（碳酸盐、硅酸盐等）的存在，能够保持洗涤液呈碱性。因为，碱性环境能使油污膨润；碱能中和皮脂中的脂肪酸，使污迹易去除；碱能给污物及纤维提供负电荷，帮助除去固体污粒，提高洗净力。

（2）对高价金属阳离子起螯合作用，消除高价金属阳离子的不良影响。铝代硅酸盐助洗剂，能够螯合衣物污垢中以及在洗液中构成硬度成分的钙、镁金属阳离子（Ca^{2+}、Mg^{2+}），消除这些金属离子对洗涤的不良影响，起到增强去污力的作用。

（3）帮助表面活性剂形成胶束。助洗剂中硫酸盐的存在，提供了表面活性剂在纤维基质和污物粒子上的吸附力，增加了分散效率，使污物易于脱离。并能帮助表面活性剂形成胶束，分散于洗液中，提高洗净力。

（4）对污物起分散作用，防止再污染。分散剂（CMC 等）能把凝聚于纤维表面的固体污粒分散于溶液中，并与污粒结合，防止污粒与纤维再吸附。

（5）对污物起分解作用。用各种酶来分解蛋白质、脂质和淀粉等形成的各种污物，达到易于去除的目的。

（6）提高洗涤后的效果。荧光增白剂或漂白剂的加入可提高白色织物的白度；柔软剂和香料的加入可改善织物的手感和香味，从而达到提高洗后效果的目的。

（7）提高洗涤剂的商品价值。洗涤剂的起泡、可溶性及防止固化等，都需加入一些添加剂来达到，从而提高商品的使用价值。

3. 湿法洗涤剂选择

市售的洗涤用品由于所用的表面活性剂和助洗剂的不同分为很多种，最常用的有肥皂和洗衣粉。洗涤前需根据衣物的性质、类型及使用说明，合理地选择洗涤剂的种类。例如，普通衣物去污，可选择常用的洗衣粉及碱性洗涤剂。对于丝绸或毛类衣物，因蛋白质纤维不耐碱，应选用中性皂片、中性洗衣粉或弱碱性洗涤剂，以免损伤纤维，影响衣物的手感。常见洗涤剂及其特点见表5-3。

表5-3 常见洗涤剂及其特点

洗涤剂类型	特 点	洗涤对象
皂片	中性	精细丝、毛衣物
丝、毛洗涤剂	中性、柔滑	精细丝、毛衣物
洗净剂	弱碱性（相当于香皂）	污垢较重的丝、毛、拉毛衣物
肥皂	碱性、去污力强	棉、麻及其混纺衣物
一般洗衣粉（25型）	碱性	棉、麻、化纤及其混纺衣物
通用洗衣粉（30型）	中性	厚重丝、毛及合纤衣物
加酶洗衣粉	可分解奶汁、肉汁、酱油、血渍等	各类较脏衣物
含荧光增白剂的洗涤剂	增加衣物洗涤后的光泽和白度	浅色衣物、夏季衣物
含氯洗涤剂	具有漂白作用	丝、毛、合纤及深色、花色衣物慎用

（三）湿法洗涤要点

除了选择具有良好适应性的水质和洗涤剂之外，正确洗涤方法中还应注意洗涤水温、洗涤力度、洗涤时间、脱水、干燥等其他因素。

（1）在合适的pH值（如蚕丝和毛为4.5、纤维素纤维为6.5~7、锦纶为5左右）下洗涤，使衣物中的纤维膨化程度最小，损伤最小。

（2）洗涤剂的浓度对洗净力的影响很大。浓度过低使洗净力不足，过高会使洗下的污垢有机会重新与衣物接触而沾染，实际操作时应参考洗涤剂的使用说明。

（3）较高的温度虽然可提高洗净力，但必须考虑纤维材料的耐热性。因此，洗液温度通常控制在：丝、毛、人造丝衣物为40~50℃；涤纶、锦纶、腈纶衣物不高于50℃；维纶、氯纶、丙纶衣物可用室温温度。

（4）衣物应勤洗勤换，积污太多或沾污时间过长，会使污垢深入纤维内部，难以洗净。

（5）污渍、撕缝、小洞应预先处理，以免洗涤后扩大范围。

（6）衣物上不能洗涤的附件应预先摘除，褪色的应改用干洗。

（7）色泽深浅不同的衣物应分开洗涤，以免浮色沾污。

（8）在适宜的前提下，两种以上洗涤剂混用可提高洗净力。

1. 普通衣物的湿法洗涤要点（表 5-4）

表 5-4　普通衣物的湿法洗涤要点

衣物种类	洗涤温度（℃）	洗涤剂	洗涤方法	拧绞	晾晒、烘干	备注
棉类	25~40	碱性或中性	可揉搓、可用毛刷刷洗	可以拧绞	反面晾晒	内衣忌热水浸泡
麻类	25~40	碱性或中性	可轻揉、轻搓，忌用硬刷刷洗	忌用力拧绞	反面晾晒	—
黏胶类	25~40	碱性或中性	可轻揉、轻搓，忌刷洗	忌拧绞	忌暴晒	—
醋酯类	25~40	碱性或中性	可轻揉、轻搓，忌刷洗	忌拧绞	忌烘干	—
丝类	25~30	中性或弱酸性	可轻揉、轻搓，忌刷洗	忌拧绞	忌暴晒、忌烘干	小心手洗
毛类	25~30	中性或弱酸性	可轻揉、轻搓，忌刷洗	忌拧绞	忌暴晒、忌烘干	—
涤纶、锦纶、腈纶类	25~40	一般洗涤剂	可揉搓、可用毛刷刷洗	可以拧绞	忌暴晒、忌烘干	—
维纶类	25~30	一般洗涤剂	可揉搓、可用毛刷刷洗	可以拧绞	忌暴晒	—

2. 特殊衣物的湿法洗涤要点

（1）混纺、交织类衣物洗涤。此类衣物洗涤主要参照混纺组分中各纤维材料的洗涤特点，并以抵抗力弱的为准。混纺比例不到 15% 的低组分纤维，洗涤时一般可不考虑其影响因素。

（2）嵌金银丝衣物洗涤。切忌用普通肥皂，不然会使金银丝中的铝失去光泽。宜浸泡在合成洗涤剂的冷水溶液中轻轻搓洗，洗后避免拧绞，以防抽丝、折断或沾色。

（3）绒类衣物洗涤。不宜刷洗，宜用皂液或洗衣粉液浸洗并施加大把捏洗，干后用软刷刷起绒毛。切忌在日光下暴晒。

（4）凹凸类衣物洗涤。面料表面呈凹凸效应的衣物不能机洗，也不宜手工刷洗。适宜在低温洗涤液中浸渍捏洗或极其轻微的搓洗，且不能施加过大的拉伸张力，最好平摊晾干或对折晾干。

（5）金粉印花衣物洗涤。由于金粉印花布是用铜粉加抗氧化剂和黏合剂调成印花浆经印花而成，虽然光泽耐久，不易氧化变色，但耐磨性较差，故不宜用力搓洗，可用软毛刷轻轻刷洗。

（6）羽绒衣物洗涤。先将污渍较重的部位用软布蘸汽油轻擦后，再将衣物浸泡在用温水冲调的洗涤液中。浸透后，用软毛刷刷去污渍，再用清水漂洗数次。然后平摊，垫上干毛巾挤压水分。阴晾，干后在阳光下小晒，并轻轻拍打，使羽绒蓬松。

（7）风雨衣洗涤。可在含中性洗涤剂的微温（30℃ 以下）水中浸泡 10min，然后用毛刷轻刷，再放入清水中泡洗干净。洗净后用衣架挂起，在阴凉通风处晾至八九成干，再熨干。切忌用碱性大的洗涤剂以及汽油、酒精等有机溶剂，洗涤的温度也不能过高，以免防水剂受损而失去防水性能。

二、衣物干法洗涤

用挥发性有机溶剂或合成溶剂洗涤的方法称为干法洗涤，简称干洗，一般需经专业机构才能完成。与湿法洗涤相比，其特点是油性污渍易去除，且衣物不易产生收缩、变形和脱色现象。如丝绸、羊毛和醋酯类衣物，轻薄类高档衣物，礼服、有里子的高档服装，有油性污渍的衣物等，一般需采用干法洗涤。此外，裘皮和皮革类衣物也应采用一些特殊的干法洗涤。但是，干法洗涤虽然容易洗去油污，但较难去除水溶性的污物，也容易发生再次污染。实际操作时，一般采用掺水干洗法，即在溶剂中加入微量水分和表面活性剂的混合液。此时，油溶性的污垢溶解于干洗剂的溶剂中与溶剂一起被除去；水溶性污垢溶解于洗涤剂中的少量水中，然后增溶，再进入溶剂而被除去；而不溶性的固体污垢，由于表面活性剂的作用，分散于溶剂中而被除去。

（一）干法溶剂

干法用合成溶剂与湿法用合成洗涤剂不同，它不是通过配入各种辅助成分来提高去污力，而是由油溶性表面活性剂或表面活性剂混合物加入溶剂和水生成共溶剂（醇）和溶纤剂等（简称干洗剂）。干法用合成溶剂中，活性成分的浓度为40%～90%。与湿法洗涤剂相似，干法洗涤剂的去污作用主要依赖于溶剂中表面活性剂的机能，而溶剂主要起到活性物载体的作用。

目前使用的干洗溶剂主要有石油系溶剂和卤代烃类溶剂两大类。卤代烃类溶剂又包括氯系列和氟系列。各类干洗溶剂的特点见表5-5。

表5-5 各类干洗溶剂的特点

干洗溶剂类别			优 点	缺 点
石油系溶剂（各种碳氢化合物的混合物）			稳定性好，对洗涤设备腐蚀性小，毒性弱，价格便宜，应用广泛	对油性污垢的溶解力比卤代烃类的小，且易燃易爆
卤代烃类（合成）溶剂	氯代烃	四氯乙烯	相对密度较大的不燃性无色液体。与三氯乙烯相比，溶解力适中，但比汽油大，可使油脂类、树脂类等污垢很好地溶解。性质稳定，遇水不易分解。几乎适合所有的天然和合成纤维制品的干洗	对人体有毒性和麻醉性，对金属有轻微的腐蚀作用
		三氯乙烷	相对密度较大的不燃性无色液体。比四氯乙烯的溶解力好，毒性小。除干洗以外，也可用于去除污斑之类的特殊洗涤。精制较方便	与四氯乙烯相比易水解，有腐蚀设备和机械器具的危险
		三氯乙烯	相对密度大、沸点低的无色不燃性液体，有类似氯仿的臭味。溶解力强，对溶解油脂、树脂、蜡类、焦油和口香糖等有很好的效果	与四氯乙烯相比，容易引起染料洗花现象，对人体有毒性，其气体遇明火或赤热体等高温条件会发生分解，从而生成有害气体
	氟代烃（氟利昂113）		白色不燃性液体，是脂肪族、芳香烃、烃类化合物、油脂、精油等的良好溶剂。对染料、服饰用品和原料纤维均不起作用。沸点低，洗涤后干燥时间短，且容易蒸馏精制。性能非常稳定，毒性比四氯乙烯小	溶解力弱，对有机酸及部分树脂溶解力差，去除污渍的效果较差。在洗涤液中水的控制比较困难，因此不一定能去除水溶性污垢。由于沸点低，若操作不慎，易使溶剂损失过大

家庭常用干洗溶剂见表5-6。

表5-6 家庭常用干洗溶剂及其特点

溶剂名称	特 点
汽油	选用无色的轻质汽油，以防影响衣物的色泽。需注意，汽油会使皮肤脱脂
松节油	选用纯净的松节油。它比汽油不易着火，但只能用来干洗衣物上沾污的油漆、树脂、柏油、润滑油、煤烟和灯烟等污渍。挥发较慢，最适合轻薄类衣物
酒精	主要溶解树脂类污渍
混合溶剂	与酒精、汽油、松节油等混合使用，以去除各种混合污渍

需指出的是，有些干法溶剂有一定的毒性和可燃性，且价格较贵。

（二）干法洗涤要点

首先对衣物进行分类和检查，包括服装面料、纽扣、口袋及饰物镶边的检查。判断该衣物是否适合干洗，不能干洗的部分需拆下，洗后再缝上。

干洗前，各种被洗衣物都需通风晾晒，通常先将服装的领口、袖口等积污较多之处翻折向外。

根据衣物的颜色进行分类清洗，以免洗涤时搭色。

根据衣物的脏污程度选择不同的洗涤工艺。

衣物经挂刷去除表面尘埃后，充分浸渍在处于密封容器中的溶剂中。然后取出挥发，用布或纸吸取污液，待干后再作第二次浸渍，再挥发挂刷。沾污严重的局部，可另用石油精和肥皂的混合液揩拭。

对于较难去除的斑渍，应在干洗前进行预去污处理。

家庭干洗使用汽油时，务必注意防燃。待汽油充分挥发后，方可穿用或储藏。

第三节 衣物整理

衣物洗涤后，除了搓揉、脱水（甩干、拧干）产生的起皱现象需要熨烫整理之外，有时会存在肥皂残渣、难以去除的污迹、发黑、泛黄、起皱、变形以及风格和功能发生变化等现象，此时需使用漂白、增白、除迹、硬挺、柔软、防水等后整理，使其形态、风格和性能得以回复。

一、衣物漂白整理

以漂白剂的化学作用分解色素的过程称为漂白。通过氧化作用使色素分解的过程称为氧化漂白，通过对色素的还原过程分解色素的称为还原漂白。

衣物的漂白，除了选择合适的漂白剂之外，还需有合适的漂白条件。否则，不仅不能起到漂白作用，而且会损伤纤维。常用漂白剂及其使用条件见表5-7。

表5-7　常用漂白剂及其使用条件

漂白剂种类	氧 化 漂 白 剂			还原漂白剂
	含氯化物	过氧化物		
主要成分	次氯酸钠	双氧水	过碳酸钠	二氧化硫胺
可使用范围	棉、麻、涤纶、腈纶、黏胶、铜氨等白色纤维类衣物	棉、麻、合纤和水洗的毛、丝等白色、染色、印花的纤维和塑料制品	同左	可水洗的各种白色纤维类衣物
不可使用范围	毛、丝、锦纶、醋酯和氨纶类衣物，染色、印花或部分经树脂加工的纤维类衣物及不能水洗的衣物、金属扣等	使用含金属染料的染色物、金属制扣等及水洗后要褪色的或不能水洗的纤维类衣物	毛、丝类衣物，其余同左	染色、印花、不能水洗的衣物、金属扣等
浓度	漂白剂0.24%，除垢剂1.00%，避免原液使用	漂白剂0.10%，除垢剂要用原液直接涂，并立即用洗涤剂洗涤	漂白剂0.03%，除垢剂0.50%	漂白剂0.50%，除垢剂1.00%
温度（℃）	20（常温）	40	40	40~50
时间（min）	30	30~120	30	60（毛、丝类衣物30以内）

漂白的操作过程及注意事项如下：

（1）漂前必须充分洗涤，使衣物去污干净；

（2）为了漂白均匀，漂前必须先将衣物浸透，不露出水面，并经常搅拌；

（3）选择适合纤维制品的漂白剂，并把握相应的条件进行漂白；

（4）漂白后，要用清水清洗干净，不得留有残余漂白剂；

（5）不能使用金属容器，以免造成腐烂。

二、衣物增白整理

《服装材料学·基础篇》中已经介绍，增白是利用光的补色增加纺织品白度的工艺过程。根据增白剂的不同，主要有上蓝和荧光增白两种。荧光增白是指在纤维上染上一层能吸收光波中波长为$350\mu m$左右近紫外光的染料（荧光增白剂），它能发出$440\mu m$左右的青紫色的荧光，增白的效果优于上蓝。荧光增白剂主要类别及其使用特点见表5-8。

表5-8 荧光增白剂主要类别及其使用特点

增白剂类别	使 用 特 点
直接染料系列	属水溶性增白剂，一般与洗涤剂和浆料混合使用。主要用于纤维素类衣物
酸性系列	适宜在酸性环境中对羊毛、蚕丝和锦纶类衣物起增白作用
中性系列	适用于羊毛、蚕丝和锦纶类衣物
分散系列	用于涤纶、腈纶、醋酯等合纤类衣物的增白。不溶于水，靠表面活性剂分散，在高温条件下上染

注 以上各类增白剂应在0.1%～0.5%的低浓度下进行。过高的浓度不仅不起作用，反而会产生消光现象。

增白方法多用于衣物染色过程；与洗涤剂混用的洗涤过程以及与浆料混用的上浆过程等。

相对于漂白而言，增白剂有以下主要利弊：

（1）增白能在不损伤纤维的情况下进行；

（2）用荧光增白剂增白的织物，在使用和反复洗涤的过程中会由于增白剂的逐渐脱落而丧失白度，并逐渐泛黄。如在洗涤剂中施于荧光增白剂，则能使衣物保持较好的白度。但是，这类增白剂在用于本色和浅色棉、麻、人造纤维类衣物的洗涤时，有时会造成全部或局部色差。

三、衣物除污迹整理

衣物上的污物痕迹如果不及时除去，不仅会渗入纱线甚至纤维内部，变得难以去除，且久后使纤维变质。所以，需尽早除去衣物上的污迹。此外，应注意采用得当的措施，否则会导致痕迹扩大，更难去除。常用除污迹剂及其作用见表5-9，日常易沾污迹及去除方法见表5-10。

表5-9 常用除污迹剂及其作用

除污迹剂类别	作 用
洗涤剂水溶液（如肥皂等）	用弱碱性或中性洗涤剂配制成0.5%～1.0%的水溶液，可去除水溶性污迹
有机溶剂（石油、酒精等）	呈挥发性。石油溶剂用来溶解并除去各种油性污迹；酒精不仅能分解出口红中的油性色素，且能用于各种纤维类衣物的除污迹
碱性药剂（氨水等）	属挥发性碱剂。1%～3%的水溶液，可用来去除果汁和汗迹等酸性污迹
酸性药剂（硝酸等）	用1%～3%的硝酸水溶液可去除铁锈迹
漂白剂	可用来去除纤维类衣物上的各种有色污迹
酶	配合洗涤剂，分解并去除蛋白质、淀粉和脂质等污迹，包括纤维素单纤维中非结晶区内的污物

表 5－10　日常易沾污迹及去除方法

污迹类别		去　除　方　法
食品类	酱油	新迹：立即用冷水冲洗，再用洗涤剂洗去 陈迹：在洗涤剂中加入 2％ 的氨水溶液或 2％ 硼砂溶液洗涤 丝织物：用 20 份甘油加 1 份 10％ 的氨水溶液擦洗 白色棉麻衣物经洗涤后仍留有色渍：用含氧化剂的水溶液处理 调味杂渍：先用汽油擦洗，然后用 10％ 的氨水溶液擦洗、皂洗 某些汤类和调味渍：先用丙酮搓揉，然后用 2％ 的氨水溶液洗涤
	茶叶、可可、咖啡	新迹：洗涤剂洗涤后，再在水中加入几滴氨水和甘油的混合液洗涤 陈迹：在水中加入几滴草酸或氨水擦拭（羊毛衣物不能用氨水）
	酒	新迹：可用水洗去 陈迹：用加入 2％ 氨水的硼砂溶液去除 葡萄酒或果汁甜酒：用柠檬酸或酒石酸与酒精的混合液（1:10）加热后浸洗，然后皂洗
	果汁	新迹：先撒些食盐在水中溶解，再用肥皂水浸泡 陈迹：先用冲淡 20 倍的氨水溶液洗涤，再用洗涤剂洗涤
	动、植物油	用洗洁精洗涤或用香蕉水、汽油、松节油擦洗
	番茄酱	新迹：用肥皂洗涤 陈迹：刮去干污迹，用 40℃ 左右的洗涤剂溶液洗涤，然后用汽油与酒精交替擦拭
	牛奶、黄油	先用汽油或四氯化碳擦洗，然后用酒精洗除颜色、用洗涤剂和氨水溶液洗涤
	肉汤	先用松节油去除，再用 40℃ 左右的洗涤剂溶液洗涤
分泌物类	混合型污迹（领口、袖口等污迹严重部位，多为油性、水溶性、尘埃及蛋白质等混合的污迹）	先用挥发油去除，再用洗涤剂水溶液洗涤
	血液	避免加热。如尽早去除，用水及洗涤剂就可，如时间较久，则用氨水、酒精或漂白剂去除
	汗黄	白色羊毛、丝绸、涤/棉、涤/黏衣物上的汗黄渍：用 0.5g/L 的草酸溶液浸泡 有色毛、丝、棉类衣物上的汗黄渍：用 2％ ~5％ 的氨水溶液浸洗，然后皂洗；也可用生姜汁涂在汗渍处搓洗，然后皂洗
	毛、丝类衣物汗斑	将衣物浸没在 7.5g/L 的柠檬酸溶液中（柠檬酸用 60℃ 左右的温水溶解），不断翻动，约 2h 后取出皂洗

续表

污迹类别		去 除 方 法
化妆品类	口红、腮红护肤霜	用挥发油去除油污，用酒精去除色素
	化妆油	先用10%的氨水溶液润湿和4%的草酸溶液擦拭，然后用洗涤剂洗涤
	指甲油	用消光剂去除
	香水	先用10%的酒精或20%的氨水溶液擦拭，再用洗涤剂洗涤
	粉底膏	用汽油、松节油、苯或四氯化碳擦拭
文化用品类	红圆珠笔油	用汽油去除油分后，再用苯搓揉或醋酸擦洗、洗涤剂洗涤；也可用牙膏加少量褪色剂搓揉，再用酒精清洗
	蓝圆珠笔油	用汽油去除油分后，用丙酮擦拭或95%的酒精洗除，再用洗涤剂洗涤；也可用牙膏加少量褪色剂进行搓揉，再用酒精清洗；也可先将污渍部分浸于96%的酒精中或用酒精刷洗衣物上的色渍，去除色渍中的油脂和色素，然后皂洗。若还留有少量蓝色，可用较好的牙膏少许搓洗
	蓝墨水	新迹：用水或酒精擦拭，如仍有痕迹，则用2%的草酸溶液洗涤 陈迹：用1%～3%的高锰酸钾溶液擦拭，污迹去除后再用2%草酸溶液擦拭，以去除高锰酸钾迹
	红墨水	新迹：用洗涤剂浸渍一段时间后清水漂洗 陈迹：用洗涤剂清洗后，用2%的酒精或2%的次氯酸钠洗涤
	墨汁	新迹：用洗涤剂轻搓或用熟米粒在污迹处搓擦 陈迹：用肥皂液与酒精或直接用丙酮轻搓
	复写纸色、蜡笔	先用苯或汽油擦去油分，再用2%～3%的NaOH和酒精洗涤（不耐碱的衣物不可用NaOH）
其他	霉斑	新迹：用酒精洗除 陈迹：先用2%的氨水浸泡，然后用 $KMnO_4$ 溶液洗涤、草酸溶液脱色 毛、丝衣物上的霉斑：在80～90℃的6～10g/L柠檬酸溶液中浸没，并常翻动约10～15min
	花草汁	用食盐溶液和热皂液洗除
	铁锈	先用2%的草酸溶液搓洗，再用皂液洗涤；也可用10%的柠檬酸溶液或10%的草酸溶液将污迹润湿，然后浸入盐酸中一天后洗涤 也可用氢氟酸50mL和乙二胺四乙酸二钠（EDTA）5g，加水900～1000mL摇匀制成去铁锈药水，将其滴在铁锈斑渍处，再皂洗
	烟熏渍	燃烧熏黄的色渍，先用松节油浸洗，然后皂洗。处理后若还有部分黄渍，可再用10%的草酸溶液或柠檬酸溶液浸洗，然后皂洗；也可将衣物浸在姜水中约2h后取出皂洗
	染发水	用水湿润后，刷50℃甘油，洗清后加几滴10%醋酸再洗

不论去除何种衣物上的何种污迹，都应掌握以下原则：

（1）沾上污渍应尽快采取措施，因为不少污迹去除的难易，往往和时间有很大的关系；

（2）为便于采取适当的措施，除迹前应了解衣物纤维材料及污迹的类型和性质；

（3）刷洗动作要轻而快，由污迹边缘向中心刷，避免留下色圈，硬性污迹待软化后再刷；

（4）污迹性质未明确前不宜用热水浸泡，因为有些污迹受热会凝固在衣物上而更难洗除。除污迹剂多次少用比一次多用有效，因为多数除污迹剂需要一定的作用时间。先后用两种除污迹剂时，除特殊要求之外，都应将第一种除污迹剂洗净后方可用第二种，否则可能会破坏衣物；

（5）除了起绒类衣物外，宜在受迹面的反面加滴除迹剂，使污迹没有机会穿透衣物。衬垫物要多换新处，必要时再用软布沾除污迹剂轻揩，尽可能不搓擦，以免产生"极光"；

（6）污迹除去后，务必清洗衣物，勿使除污迹剂残留在衣物上。

四、衣物硬挺整理

《服装材料学·基础篇》中已经介绍，硬挺整理赋予衣物以平滑、硬挺、厚实和丰满等手感以及不易沾污、易洗净等作用。由于硬挺整理所用的高分子物多被称为浆料，所以硬挺整理也被称为上浆整理。

影响上浆整理效果的主要因素有浆料和上浆方法。其中，浆料可分为天然和合成两大类。与天然浆料相比，市售的合成浆料一般较易溶于水，且防腐、防霉。常用浆料的类别及特点见表 5-11。

表 5-11　常用浆料的类别及特点

浆料类别		特　　　点
天然浆料	淀粉浆料	溶于水后加热，形成浆料。常用淀粉浆料透明度较差，不适合深色衣物；经酸处理的淀粉浆料透明度好，渗透性强，硬度略差
	海带浆料	经加水后糊化，透明度高，有一定的黏度，至今仍广泛应用在丝绸和有色衣物上
合成浆料	CMC	浓度较其他浆料低，但硬度较高，且难沾污，易去污
	PVA	水溶性极好，冷水中能溶解，被作为洗涤用浆料应用。性能略差于CMC，但有很好的防污性和去污性，对疏水性纤维制品渗透性强
	PVAC	合成树脂维纶系列的水性乳化液。经上浆和熨烫后，在纤维表面形成树脂化，能获得耐洗的整理效果。对疏水性纤维制品渗透性强，但易沾污，去污也较难

衣物的上浆方法主要有浸渍法、毛刷法和喷雾法等，见表 5-12。

表5-12 衣物的上浆方法

名　称	方　　法
浸渍法	一般用于衣物整体上浆，在洗涤脱水或干燥后进行。1:5 的浴比将浆料溶解于水，大约浸渍 10min，使衣物均匀浸透，然后短时间脱水，再干燥
毛刷法	用毛刷在平整的面料上刷涂浆料
喷雾法	局部喷雾、再熨烫，以取得局部上浆的效果

五、衣物柔软整理

经反复使用和洗涤后，衣物上的柔软剂会脱落，手感变差，合成纤维制品会产生静电等不良现象。为了恢复衣物的风格和性能，有必要进行柔软整理。

市售的家用柔软剂成分主要是脂肪酸或脂肪酰胺衍生的阳离子表面活性剂，其主要作用是给予衣物适度的柔软性和防静电性。

家庭衣物柔软整理方法见表5-13。

表5-13 家庭衣物柔软整理方法

柔软整理形式	整　理　方　法
洗涤过程中	最后一次过水时，加入柔软剂并搅拌 1~3min
干燥过程中	在回转式干燥机干燥过程中，加入柔软剂一起滚动、干燥
喷雾处理	用喷雾式防静电剂进行局部喷雾处理

六、衣物防水整理

《服装材料学·基础篇》中已经介绍，防水整理是在纤维表面形成疏水性的膜，使纤维的表面张力低于水的表面张力，从而达到拒水目的。先进的防水整理不仅使衣物具有防水功能，而且具有较好的柔软性和透气性。日常生活中，经防水整理的纤维材料主要用于雨衣、伞及滑雪衣等。防水衣物经多次使用和洗涤后，会产生防水剂脱落的现象，使其防水效果逐步减弱甚至剧减，故需进行防水整理。

目前，市售的喷雾式防水整理剂可在家庭中方便地使用，一般经喷雾和熨烫后，就可使衣物获得较好的防水效果。这种防水整理剂的主要成分是硅或氟系列树脂产品。其中，氟系列防水整理剂具有较好的拒水性和拒油性，水溶性污物和游离污物均不易沾上，故也作为防污整理剂使用。

第四节　衣物储藏

因换季等因素，衣物经常需要储藏。在此过程中，因受各方面因素的影响，衣物的品质可能会发生各种变化，从而影响其使用价值。此外，包装、运输中的一些人为因素和自然因素等情况也会不同程度地造成衣物品质的下降。常见的质量变化有虫蛀、霉烂、发脆、泛黄、变形以及鼠咬等，必须注意防止。

一、衣物一般储藏注意事项

衣物储藏首先需注意以下方面：

（1）储藏的环境（如室内空间、抽斗、衣柜、箱子等）和被储藏的衣物要清洁干净，尤其衣物本身的污物是产生霉菌和虫害的重要原因，有污物成分存在的衣物在保存中易变质或变色。

（2）储藏的环境和衣物要保持干燥，避开害虫喜好的温度（25～30℃）、湿度（75%左右）或高温、高湿的气候环境，尽量选择阴凉通风的环境。

（3）选择密封性好的场所放置，尽量避免空气进入和防虫剂气味漏泄。

（4）为了避免针织衣物伸长变形，不用衣架挂起。同时，尽量避免将衣物（包括针织衣物）以变形状态放入容器，不要折叠过小，堆放过高，处于容器容量的八成即可。

（5）干燥剂、防虫剂的用量要根据容器的大小适当配置。

（6）毛皮、皮革等家庭较难储藏的服装，可存放在专业洗染店里。存放环境以温度17℃，湿度55%左右为宜，并需要有防霉、防虫措施。

二、不同材质衣物储藏要点

除以上一般注意事项外，表5-14给出了各类不同材质衣物的储藏要点。

表5-14　不同材质衣物的储藏要点

类　别	储　藏　要　点
棉麻类	折平，防止霉变，存放时最好白色和深色分开，防止串色或泛黄
丝绸类	白色衣物不能放在樟木箱内，也不能放樟脑丸，否则会泛黄
毛类	穿着一段时间后应晒晒拍拍，不穿时放在干燥处。存放前应烫平，并通风晾放一天。高档毛料衣物最好挂在衣橱内，勿叠压，以免变形或使绒毛遭损。放入箱内时要反面朝外，以防褪色风化、造成风印。樟脑丸应用薄纸包好
化纤类	保存前，应晾在阴凉通风处吹干。不宜长期吊挂在衣橱内，以防伸长变性。化纤衣物遇樟脑丸会受损，对与天然纤维混纺或交织的化纤衣物，可少量放置，但不能接触
裘皮类	家庭存放裘皮类衣物应注意以下几点： 1. 利用早上的阳光晾晒，晒时要罩上一块布，高档名贵的黄狼皮、水貂皮、狐狸皮等类衣物晒两个小时即可，兔皮、狗皮、猫皮等衣物宜晾晒时间长些 2. 用拍打、抖动或软刷顺毛梳理的方法进行松毛、除尘，染色裘皮也可用绞干后的温湿毛巾轻拂毛面的办法加以清理。如遇绒毛并结，可在裘皮上加垫湿布，用熨斗轻烫，然后放在阴凉通风处晾干，等衣物的热量完全散尽后才能放置箱橱内。最好用衣架挂起，并在衣袋里放上纸包的樟脑丸；如放在箱内，应将毛面朝里折叠并平放，最好不要受压。伏天可取出短时间晾晒，以防虫蛀或霉变

续表

类　别	储　藏　要　点
皮革类	一般的皮革在高温、干燥的环境条件下易产生收缩硬化，皮质很快老化，但水分过多也会使皮革强度减弱或易出现霉变，很难去除。因此，皮革衣物储藏前应晾晒去潮，但要避免中午的阳光，否则会使皮革发热变色或材质受损。为增加皮革的柔润度，可在皮革表面薄薄地涂上一层甘油，放入箱柜内。最好有一个通风恒温的储存环境，必要时加干燥剂与防虫剂。穿用前应晾晒一下

三、衣物防虫、防霉、防泛黄

（一）防虫

衣物，因含有纤维素、蛋白质等营养物质，是衣鱼、囊虫、衣蛾、白蚁等害虫的食料，若收藏不妥就容易虫蛀。合纤类衣物一般不易虫蛀，但因在纤维制造、衣物加工和染整过程中往往使用一些添加剂，因而在湿热条件下会产生虫蛀现象。

衣物一旦虫蛀将无法补救，因此必须采取预防措施。如保持环境清洁、干燥和通风，用杀虫剂进行消毒熏杀或放置防虫剂等。目前，市场上的除虫剂很多，有粉状、片剂、喷雾等。人们为了防止因换季等因素储藏的衣物发生虫蛀现象，常常在衣柜里放置樟脑丸或使用芳香除虫剂（如芳香脑）。另外，用各种干花瓣制成的熏香产品也是不错的防虫剂。需要注意的是，因为防虫剂挥发的气体比空气重，所以，应把防虫剂放在衣物的上方或吊在衣柜的横杆上。

（二）防霉

霉菌细胞到处存在，当温度 20~30℃、湿度 75% 以上及有养分时就会繁殖。皮革、羊毛、纤维素纤维以及纤维上附着的污物、皂迹和淀粉浆等都是极好的养分源，因此，只要温湿度适宜，衣物就非常容易产生霉变，从而导致变色、脆化、分解等。

霉菌的分泌物由细胞的色素而定。细胞的色素通常有黑色及青色霉斑等，它使得纤维上色而成为痕迹，且难以除去。此外，霉菌还有特殊的气味。

防止霉菌，首先要将衣物充分洗净和干燥，同时使储藏环境保持干燥（通常借助于干燥剂）。市售的干燥剂有硅酸盐和氯化钙等。硅酸盐中一般混入蓝色的钴盐，干燥状态呈蓝色，吸湿后变为粉红色，重新干燥后又能恢复到蓝色状态，故能反复使用，相当便利。

（三）防泛黄

泛黄是指白色或浅色衣物受日光和环境条件的影响或药品的作用而发生带黄光的变化。易泛黄的纤维材料有蚕丝、羊毛、锦纶、腈纶、氨纶以及棉、麻等。衣物泛黄的主要原因有：

（1）衣物在 40% 以上的湿度状态下储藏；

（2）衣料精练后因出水不清而含有杂质；

（3）衣物穿着时沾上污垢（包括香水的作用）；

（4）不适当的洗涤方法使得洗涤剂残留在衣物上；

（5）衣物反复受日光、紫外线和干湿热的影响；

（6）由于泛黄现象对衣物外观的影响非常直观和明显，因此，在服装穿着、流通和储藏过程中，应尽量避免。

✿ 专业术语

中文	英文	中文	英文
污垢	Dirt	水洗	Washing
沾污	Stained	洗涤剂	Detergent
去污	Decontamination	干洗	Dry-cleaning
洗涤	Laundering	干洗剂	Dry-cleaning Agent
漂白	Whitening	硬挺（整理）剂	Stiffening Agent
增白	White Dyeing	柔软剂	Softening Agent
除渍	Spotting	储藏	Store

✿ 学习重点

1. 了解衣物沾污原理及去污方法，着重掌握水洗和干洗的区别、洗涤剂的选择、各类衣物的洗涤要点。

2. 了解漂白、增白、除渍、硬挺、柔软、防水整理的方法。

3. 了解衣物储藏的注意事项。

✿ 思考题

1. 衣物污垢有哪些类别？

2. 衣物沾污、去污的难易程度主要与哪些因素有关？举例说明。

3. 污垢有哪些黏附形式？

4. 水洗与干洗的区别和特点？

5. 在日常生活中，你是根据什么选择洗涤剂的？请调查你使用洗涤剂的品牌、类型、特点，适合洗涤哪类衣物？

6. 家庭衣物漂白、增白、硬挺和柔软整理的方法？

7. 日常易沾污迹的去除方法？

8. 服装储藏应注意哪些事项？

参考文献

［1］吴微微，全小凡. 服装材料及其应用［M］. 杭州：浙江大学出版社，2000.

［2］Kadolph. S. Quality Assurance for Textiles and Apparel［M］. New York：Fairchild Publications Inc. ,1998.

［3］American Association of Textile Chemists and Colorists. Analytical Methods for a Textile Laboratory［M］. North Carolina：Research Triangle Park, 1996.

［4］中国纺织工业协会. 2005/2006 中国纺织工业发展报告［M］. 北京：中国纺织出版社，2006.

［5］赛尔咨讯编辑部. 2006/2007 中国制衣工业商务年鉴（面辅料卷）［M］. 北京：统计年鉴出版社，2007.

［6］陈燕琳，袁公松. 服装色彩与材质设计［M］. 北京：中国纺织出版社，2008.

［7］张红霞，桂家祥. 纺织品检测实务［M］. 北京：中国纺织出版社，2007.

［8］万融，邢声远. 服用纺织品质量分析与检测［M］. 北京：中国纺织出版社，2006.

［9］中国纺织工业协会产业部. 生态纺织品标准［M］. 北京：中国纺织出版社，2003.

［10］朱秀丽. 服装制作工艺（基础篇）［M］. 北京：中国纺织出版社，2002.

［11］刘国联. 服装厂技术管理［M］. 北京：中国纺织出版社，2001.

［12］中屋，典子. 服装造型学技术篇Ⅲ［M］. 北京：中国纺织出版社，2005.

［13］Merkel. R. S. Textile Products Serviceability by Specification［M］. New York：Macmillan Publishing Co. ,1991.

［14］刘静伟. 服装材料的认识选择与应用［M］. 北京：中国纺织出版社，1998.

［15］王革辉. 服装材料学［M］. 北京：中国纺织出版社，2006.

［16］周宏湘. 服装选购与保养［M］. 北京：纺织工业出版社，1991.

［17］张文斌. 服装工艺学（成衣工艺分册）［M］. 2 版. 北京：中国纺织出版社，1993.

［18］威尼弗雷·奥尔德里奇. 面料立裁纸样［M］. 北京：中国纺织出版社，2001.

［19］《纺织品大全》（第二版）编辑委员会. 纺织品大全［M］. 2 版. 北京：中国纺织出版社，2005.

［20］王庆珍. 纺织品设计的面料再造［M］. 重庆：西南师范大学出版社，2007.

［21］李汝勤，宋钧才. 纤维和纺织品测试技术［M］. 2 版. 上海：东华大学出版社，2005.

［22］鲍卫君. 服装现代制作工艺［M］. 杭州：浙江大学出版社，2005.

［23］陆鑫，顾韵芬. 使用条格面料裁制男西服的技术处理［J］. 丹东纺专学报，2001，4（8）.

［24］戴黎春. 服装质量对服装材料的要求［J］. 西安工程科技学院学报，2004，6（18）：185－188.

［25］韩梅. 不同面料对服装设计与制作的要求［J］. 大连轻工业学院学报，2004，6（23）：154-155.

［26］吴倩. 服装面料的缝制性能与形态特征［D］. 苏州大学，2004.

［27］滑钧凯. 服装整理学［M］. 北京：中国纺织出版社，2005.

［28］张辛可. 服装材料学［M］. 石家庄：河北美术出版社，2005.

［29］赵少岩，浩瀚. 服饰美容金钥匙［M］. 北京：西苑出版社，1998.

［30］刘国联，宁俊．纺织品服装市场调研与预测［M］．北京：中国纺织出版社，2009.

［31］崔唯，肖彬．纺织品艺术设计［M］．北京：中国纺织出版社，2011.

［32］魏静．成衣设计与立体造型［M］．北京：中国纺织出版社，2012.

附录

附录一　棉织物编号标识

类别	平布	府绸	斜纹	哔叽	华达呢	卡其	直贡、横贡	麻纱	绒布坯
漂白布	1101～1199	1201～1299	1301～1399	1401～1499	1501～1599	1601～1699	1701～1799	1801～1899	1901～1999
卷染染色布	2101～2199	2201～2299	2301～2399	2401～2499	2501～2599	2601～2699	2701～2799	2801～2899	2901～2999
轧染染色布	3101～3199	3201～3299	3301～3399	3401～3499	3501～3599	3601～3699	3701～3799	3801～3899	3901～3999
精元染色布	4101～4199	4201～4299	4301～4399	4401～4499	4501～4599	4601～4699	4701～4799	4801～4899	4901～4999
硫化元染色布	5101～5199	5201～5299	5301～5399	5401～5499	5501～5599	5601～5699	5701～5799	5801～5899	5901～5999
印花布	6101～6199	6201～6299	6301～6399	6401～6499	6501～6599	6601～6699	6701～6799	6801～6899	6901～6999
精元底色印花布	7101～7199	7201～7299	7301～7399	7401～7499	7501～7599	7601～7699	7701～7799	7801～7899	7901～7999
精元花印花布	8101～8199	8201～8299	8301～8399	8401～8499	8501～8599	8601～8699	8701～8799	8801～8899	8901～8999
本光漂白布	9101～9199	9201～9299	9301～9399	9401～9499	9501～9599	9601～9699	9701～9799	9801～9899	9901～9999

注　棉织物编号用四位数字表示。

第一位数字表示印染加工类别。其中，

数字	印染加工类别	数字	印染加工类别	数字	印染加工类别
1	漂白布	4	精元染色布	7	精元底色印花布
2	卷染染色布	5	硫化元染色布	8	精元花印花布
3	轧染染色布	6	印花布	9	本光漂白布

第二位数字表示本色棉布的品种类型。其中，

数字	本色棉布品种类型	数字	本色棉布品种类型	数字	本色棉布品种类型
1	平布	4	哔叽	7	直贡、横贡
2	府绸	5	华达呢	8	麻纱
3	斜纹布	6	卡其	9	绒布坯

第三、第四位数字是产品顺序号。

附录二　毛织物编号标识

类别	品	种	品		号		
			纯毛	混纺	纯化纤	特种动物毛纯纺或混纺	其他
精纺	1	哔叽	21001～21500	31001～31500	41001～41500		
		啥味呢	21501～21999	31501～31999	41501～41999		
	2	华达呢	22001～22999	32001～32999	42001～42999		
	3、4	中厚花呢	23001～24999	33001～34999	43001～44999		
	5	凡立丁	25001～25999	35001～35999	45001～45999		
	6	女衣呢	26001～26999	36001～36999	46001～46999		
	7	贡呢	27001～27999	37001～37999	47001～47999		
	8	薄花呢	28001～28999	38001～38999	48001～48999		
	9	其他	29001～29999	39001～39999	49001～49999		
粗纺	1	麦尔登	01001～01999	11001～11999	71001～71999	81001～81999	91001～91999
	2	大衣呢	02001～02999	12001～12999	72001～72999	82001～82999	92001～92999
	3	海军呢	03001～03999	13001～13999	73001～73999	83001～83999	93001～93999
	4	制服呢	04001～04999	14001～14999	74001～74999	84001～84999	94001～94999
	5	女式呢	05001～05999	15001～15999	75001～75999	85001～85999	95001～95999
	6	法兰绒	06001～06999	16001～16999	76001～76999	86001～86999	96001～96999
	7	粗花呢	07001～07999	17001～17999	77001～77999	87001～87999	97001～97999
	8	学生呢	08001～08999	18001～18999	78001～78999	88001～88999	98001～98999

注　精梳毛织物编号一般由五位数字组成，超出则顺延。

　　第一位数字表示织物的原料成分。其中，

数字	织物原料成分	数字	织物的原料成分	数字	织物的原料成分
2	纯毛	3	毛混纺	4	纯化纤

　　第二位数字表示大类织物名称。其中，

数字	大类织物名称	数字	大类织物名称	数字	大类织物名称
1	哔叽、啥味呢类	5	凡立丁（包括派力司）	8	薄花呢
2	华达呢类	6	女衣呢	9	其他类
3、4	中厚花呢类	7	贡呢类	—	—

注　凡以"4"或"9"代表啥味呢的地区仍可使用。

　　第三、第四、第五位数字表示产品不同规格的顺序编号。

附录三　驼绒织物编号标识

类别	花素		美素		条形	
	纬编	经编	纬编	经编	纬编	经编
全毛	01101～01199	01201～01299	05101～05199	05201～05299	09101～09199	09201～09299
毛混纺	11101～11199	11201～11299	15101～15199	15201～15299	19101～19199	19201～19299
全化纤	71101～71199	71201～71299	75101～75199	75201～75299	79101～79199	79201～79299

注　驼绒织物编号由五位数字组成。

第一位数字代表原料。其中，

数字	原料成分	数字	原料成分	数字	原料成分
0	全毛（纯羊毛）	1	毛混纺（羊毛与其他纤维混纺）	7	全化纤（一种化纤纯纺；两种或两种以上化纤混纺）

第二位数字代表花型代号。其中，

数字	花型代号	数字	花型代号	数字	花型代号
1	花素（夹花色）	5	美素（一种单色）	9	条形（一种单色条形，多种彩色条形）

第三位数字代表织造工艺代号。其中，

数字	织造工艺代号	数字	织造工艺代号
1	纬编	2	经编

第四、第五位数字表示产品规格代号。

附录四　长毛绒织物编号标识

类别	纯毛—0	毛混纺—4	纯化纤—7	其他—9
服装用长毛绒—1	51001～51099	51401～51499	51701～51799	51901～51999
衣里用长毛绒—2	52001～52099	52401～52499	52701～52799	52901～52999
工业用绒—3	53001～53099	53401～53499	53701～53799	53901～53999
装饰绒—4	54001～54099	54401～54499	54701～54799	54901～54999
玩具绒—5	55001～55099	55401～55499	55701～55799	55901～55999
其他长毛绒—6	56001～56099	56401～56499	56701～56799	56901～56999

注　长毛绒织物编号由五位数字组成。

第一位数字代表长毛绒织物均用"5"。
第二位数字表示长毛绒织物用途。其中，

数字	织物用途	数字	织物用途	数字	织物用途
1	服装用长毛绒	3	工业用绒	5	玩具绒
2	衣里用长毛绒	4	装饰绒	6	其他长毛绒

第三位数字代表原料。其中，

数字	原料成分	数字	原料成分	数字	原料成分	数字	原料成分
0	纯毛	4	毛混纺	7	纯化纤	9	其他

第四、第五位数字表示产品规格代号。

附录五 外销丝织物编号标识

类别	桑蚕丝绸	合纤绸	绢丝绸	柞丝绸	人造丝绸	交织绸	被面
绢类	10001～10999	20001～20999	30001～30999	40001～40999	50001～50999	60001～60999	70001～70999
纺类	11001～11999	21001～21999	31001～31999	41001～41999	51001～51999	61001～61999	71001～71999
绉类	12001～12999	22001～22999	32001～32999	42001～42999	52001～52999	62001～62999	72001～72999
绸类	13001～13999	23001～23999	33001～33999	43001～43999	53001～53999	63001～63999	73001～73999
缎类	14001～14799	24001～24799	34001～34799	44001～44799	54001～54799	64001～64799	74001～74799
锦类	14801～14999	24801～24999	34801～34999	44801～44999	54801～54999	64801～64999	74801～74999
绢类	15001～15499	25001～25499	35001～35499	45001～45499	55001～55499	65001～65499	75001～75499
绫类	15001～15499	25001～25499	35001～35499	45001～45499	55001～55499	65001～65499	75001～75499
罗类	16001～16499	26001～26499	36001～36499	46001～46499	56001～56499	66001～66499	76001～76499
纱类	16501～16999	26501～26999	36501～36999	46501～46999	56501～56999	66501～66999	76501～76999
葛类	17001～17499	27001～27499	37001～37499	47001～47499	57001～57499	67001～67499	77001～77499
绨类	17501～17999	27501～27999	37501～37999	47501～47999	57501～57999	67501～67999	77501～77999
绒类	18001～18999	28001～28999	38001～38999	48001～48999	58001～58999	68001～68999	78001～78999
呢类	19001～19999	29001～29999	39001～39999	49001～49999	59001～59999	69001～69999	79001～79999

注 丝织物外销编号又称统一编号，由五位数组成。

第一位数字代表绸缎的大类。其中，

数字	绸缎大类	数字	绸缎大类	数字	绸缎大类
1	桑蚕丝绸（包括桑蚕丝含量50%以上的桑柞交织物）	4	柞丝绸	7	被面
2	合纤绸	5	人造丝绸	—	—
3	绢丝绸	6	交织绸	—	—

第二位数字（0、1、2、3、8、9）或第二、第三位数字（40～49、50～59、60～69、70～79）分别表示丝织物所属大类的类别。具体规定如下：

数字	丝织物所属类别	数字	丝织物所属类别	数字	丝织物所属类别
0	绢类	48～49	锦类	70～74	葛类
1	纺类	50～54	绢类	75～79	绨类
2	绉类	55～59	绫类	8	绒类
3	绸类	60～64	罗类	9	呢类
40～47	缎类	65～69	纱类	—	—

第三、第四、第五位数字表示产品规格代号。

附录六　内销丝织物编号标识

第一位数 （用途属性）		第二位数 （原料属性）			第三位数 （组织结构）				第四、第五位数 （规格序号）
序号	用途	序号	原料属性		平纹	变化	斜纹	缎纹	
8	服装用绸	4	黏胶丝纯织		0 ~ 2	3 ~ 5	6 ~ 7	8 ~ 9	55 ~ 99
		5	黏胶丝交织						
		7	蚕丝	纯织	0	1 ~ 2	3	4	01 ~ 99
				交织	5	6 ~ 7	8	9	
		9	合纤	纯织	0	1 ~ 2	3	4	
				交织	5	6 ~ 7	8	9	
9	装饰用绸	1	被面		—	0 ~ 9	—	—	
		2	黏胶被面	纯织	—	0 ~ 5	—	—	
				交织	—	6 ~ 9	—	—	
		7	蚕丝	纯织	—	0 ~ 5	—	—	
				交织	—	6 ~ 9	—	—	
		9	装饰绸、广播绸		—	0 ~ 9	—	—	
		3	印花被面		—	0 ~ 9	—	—	

实际应用中，往往省略第一位数，并在品号前加上地区代号。其中，

地区	代号	地区	代号	地区	代号	地区	代号	地区	代号	地区	代号
四川	C	辽宁	D	湖北	E	广东	G	浙江	H	北京	B
江西	J	江苏	K	山东	L	福建	M	广西	N	陕西	Q
上海	S	天津	T	安徽	W	河南	Y	重庆	CC	湖南	X

附录七　针织人造毛皮编号标识

针织人造毛皮的品名代号代表的类别如下：

代　号	类　别
S	仿兽
P	平剪绒
C	长毛绒
G	仿羔绒

附录八　亚麻织物编号标识

亚麻织物的编号由三位阿拉伯数字加破折号再加两位数字组成。

第一位数字代表亚麻布的类别。其中，

数字	亚麻布类别	数字	亚麻布类别
1	纯亚麻酸洗平布	5	棉麻交织帆布
2	纯亚麻漂白平布	6	不经过染整加工的出厂亚麻原布
3	棉麻交织布	7	斜纹亚麻布
4	纯亚麻绿帆布	8	提花与变化组织亚麻布

第二位、第三位数字代表同一类别不同技术条件加工成的成品麻布的代号。

在成品布号后可以附加破折号及两位数字是代表染整加工特性的代号。其中，

数字	染整加工特性	数字	染整加工特性
-01	丝光布	-02	色纱布
-03	染色布	-61	经不同化学加工的帆布
-81	印花布	—	—

附录九　化纤织物编号标识

化纤织物的标号用四位数表示。中长纤维织物在编号前加"C"字母以示区别。

第一位数字表示织物大类。其中，

数字	织物大类	数字	织物大类
6	涤纶纤维与其他合成纤维混纺织物	8	单一合成纤维纯纺织物，合成纤维与黏胶纤维混纺织物
7	化学纤维与棉纤维混纺织物	9	人造棉织物

第二位数字表示原料的种类。其中，

数字	原料种类	数字	原料种类	数字	原料种类	数字	原料种类
1	涤纶	3	锦纶	5	其他	9	黏胶
2	维纶	4	腈纶	6	丙纶	—	—

第三位数字表示织物的品类。其中，

数字	品类	数字	品类	数字	品类	数字	品类	数字	品类
0	白布	1	色布	2	花布	3	色织布	4	帆布

第四位数字表示原料的使用方法。其中，

数字	原料使用方法	数字	原料使用方法
1	纯纺	2	混纺

附录十　衬布编号标识

衬布的编号由英文字母和阿拉伯数字两部分组成。

英文字母表示基布材质类别。其中，

英文字母	基布材质类别	英文字母	基布材质类别	英文字母	基布材质类别
C	棉纤	R	黏胶	T	涤纶
V	维纶	A	腈纶	O	丙纶
N	锦纶	L	氯纶	F	麻纤
S	丝	W	毛	—	—

注　一个英文字母，表示基布是由单一纤维构成的。两个或三个及以上英文字母表示基布是由两种或三种及以上纤维混纺或交织（或混合）制成的。纤维比例高的标记代号字母写在前，比例低的标记代号字母写在后。

阿拉伯数字又分为两部分。第一部分有三位阿拉伯数字。

第一位数字表示衬布分类。其中，

数字	衬布分类	数字	衬布分类	数字	衬布分类
1	机织树脂衬布	3	针织热熔黏合衬布	5	机织黑炭衬布
2	机织热熔黏合衬布	4	非织造热熔黏合衬布	6	机织多段黏合衬布

第二位数字表示热熔胶种类。其中，

数字	热熔胶种类	数字	热熔胶种类	数字	热熔胶种类
0	不用热熔胶	3	PA（聚酰胺类）	6	EVA—L（EVA 的皂化物）
1	HDPE（高密度聚乙烯）	4	PES（聚酯类）	7	热熔纤维
2	LDPE（低密度聚乙烯）	5	EVA（乙烯—乙烯树脂类）	—	—

第三位数字表示涂布工艺。其中，

数字	涂布工艺	数字	涂布工艺	数字	涂布工艺
0	无涂布工艺	3	粉点法	6	网膜法
1	热熔转移法	4	浆点法	7	双点法
2	撒粉法	5	网点法	—	—

第二部分由三位数字组成，表示衬布品种规格（即衬布基布的平方米质量）。如平方米质量为两位数，则三位数的第一位为 0。

第二部分与第一部分之间用一字线"—"连接。

附录十一　绒线编号标识

绒线的编号由四位阿拉伯数字组成。

第一位数字表示绒线产品的类别。其中，

数字	绒线产品类别	数字	绒线产品类别	数字	绒线产品类别
0	精梳编结绒线	2	精梳针织绒线	4	其他绒线
1	粗梳编结绒线	3	粗梳针织绒线	—	—

第二位数字表示使用原料的类别（分精梳绒线和粗梳绒线）。其中，

数字	精梳绒线使用原料类别	数字	粗梳绒线使用原料类别
0	山羊绒及其混纺	0	山羊绒及其混纺
1	异质毛纯纺	1	羊仔毛及其混纺
2	同质毛纯纺	2	兔毛及其混纺
3	同质毛与人造纤维混纺	3	雪兰毛及其混纺
4	同质毛与异质毛混纺	4	牦牛绒及其混纺
5	异质毛与人造纤维混纺	5	骆驼绒及其混纺
6	同质毛与合成纤维混纺	6	其他
7	异质毛与合成纤维混纺	—	—
8	化学纤维纯纺	—	—
9	其他动物纤维的纯纺或混纺	—	—

第三、第四位数字表示成品的单纱支数（单纱支数为10Nm以上的：第三位数是十位，第四位数是个位；单纱支数为10Nm以下的：第三位数是个位，第四位数是小数，小数点省略）。

绒线的合股数应在品号后面加斜线表明（四股编结绒线和二股针织绒线可以不注）。

附录十二　毛型复合絮片编号标识

毛型复合絮片的代号由 5 个单元组成，每个单元包含若干字母或数字，各单元间用"—"隔开。如下所示：

WCP　□—□□□—□□□—□□□

（1）　（2）　　（3）　　（4）　　（5）

其中，

第（1）单元，WCP——毛型复合絮片，在不致混淆的情况下，该单元可省略。

第（2）单元——絮层原料，用纤维缩写代号及混用百分率表示。其中，

代　号	絮层原料	代　号	絮层原料	代　号	絮层原料
W	羊毛	S	天然丝	C	棉
T	涤纶	A	腈纶	V	维纶
P	丙纶	PA	锦纶	R	黏纤

注　对于纯羊毛产品，该单元也可省略。

第（3）单元——用途和结构形式，该单元包括一位字母和两位数字。

第一位：用途，用一位字母表示。其中，

字母	用途	字母	用途	字母	用途
C	服装用	B	被褥用	O	其他

第二位：复合基，用一位数字表示。其中，

数字	复合基	数字	复合基	数字	复合基
1	高聚膜	3	机织布	5	复合膜
2	无纺布膜	4	针织布	6	其他

第三位：结构形式，用一位数字表示。其中，

数字	结构形式	数字	结构形式	数字	结构形式
1	单膜，膜在絮片中	3	双膜，膜在絮片中	5	其他形式
2	单膜，膜在絮片表层	4	双膜，膜在絮片表层	—	—

第（4）单元——单位面积质量，用三位数字表示，单位 g/m^2。如数字在 100 以下时，最左位补上"0"。

第（5）单元——幅宽，用三位数字表示，单位 cm。

附录十三　棉类织物品质检验项目

织物类别	内在品质										外观品质		
	幅宽	密度	紧度	质量	组织	断裂强力	染色牢度	尺寸变化率	折痕回复率	缝纫滑移强度	疵点	色差	纬斜
棉本色布	●	●			●	●					●		
棉印染布		●			●	●	●	●			●	●	
色织棉布	●	●			●	●					●	●	
棉本色灯芯绒	●	●		●		●					●		
棉印染灯芯绒		●				●	●	●			●		
本色棉经平绒	●	●		●		●					●		
印染棉经平绒			●	●		●	●	●			●		
色织牛仔布	●	●		●		●		●			●	●	●
大提花棉本色布	●	●			●	●					●		
棉印染起毛绒布		●				●	●	●			●		
色织泡泡纱		●				●		●			●	●	●
服装用棉印染帆布		●				●	●	●			●		
精梳涤棉混纺本色布	●	●			●	●					●		
精梳涤棉混纺染色布		●				●	●	●			●		
精梳涤棉混纺色织布		●				●					●		●
出口精梳涤棉混纺色织布	●	●				●					●		
色织涤棉纬长丝织物	●	●				●	●	●		●	●		
色织涤棉纱罗织物	●	●				●	●	●			●		
本色棉维混纺布	●	●	●	●		●					●		
印染棉维混纺布	●	●				●	●	●			●		
黏纤印染布		●				●	●	●			●		
涤黏中长混纺本色布	●	●		●		●					●		
涤黏中长混纺印染布		●				●	●	●			●		
色织中长涤黏混纺布	●	●				●					●		

附录十四　毛织物品质检验项目

织物类别	内在品质													外观品质	
	幅宽	密度	质量	纤维含量	油脂含量	毛丛高度	断裂强力	尺寸变化率	染色牢度	撕破强力	耐磨性	起毛起球	缝脱程度	折痕回复率	疵点
精梳毛织品	●		●	●	●		●	●	●	●	●	●			●
精梳高支轻薄型毛织品	●						●	●	●	●	●	●	●		●
粗梳毛织品			●	●			●	●	●	●	●	●			●
粗梳羊绒织品	●		●	●			●	●	●			●			●
精梳低含毛混纺及纯化纤毛织品	●		●	●			●	●	●						●
涤纶仿毛织物	●	●	●				●	●	●			●	●	●	●
驼绒织品	●		●		●		●		●						●
长毛绒	●	●	●	●	●		●	●							●

附录十五　麻织物品质检验项目

织物类别	内在品质							外观品质	
	幅宽	密度	质量	组织	断裂强力	尺寸变化率	染色牢度	疵点	色差
苎麻印染布		●			●	●	●	●	
亚麻印染布		●	●		●	●	●	●	
亚麻色织布	●				●	●	●	●	
出口麻棉色织布	●	●			●	●	●		●
黄麻麻布		●	●	●	●				
印染涤麻（苎麻）混纺布						●	●	●	

附录十六　针织物品质检验项目

织物类别	内在品质															外观品质	
	幅宽	密度	线密度	质量	长度	纤维含量	油脂含量	染色牢度	缩水率	断裂强力	顶破强力	耐磨性	起毛起球	脱毛量	阻燃性	疵点	纹路弯斜
精梳轻薄型毛针织品				●		●	●	●	●	●	●	●				●	
精梳毛针织品				●		●		●	●	●	●					●	
粗梳毛针织品			●	●		●				●	●					●	
精梳毛型化纤毛针织品				●		●			●							●	
羊绒针织品			●	●		●				●						●	
桑蚕丝纬编针织绸	●	●			●						●					●	●
出口针织布	●			●												●	
针织人造毛皮	●			●				●	●			●		●		●	
针织涤纶面料	●			●				●	●				●			●	
阻燃针织涤纶面料	●			●				●	●				●		●	●	

附录十七　常用辅料品质检验项目

辅料类别	内在品质																					外观品质
	幅宽	密度	质量	尺寸变化率	断裂强力	染色牢度	折痕回复率	热收缩率	蓬松度	压缩弹性	保温性	耐水洗性	透气量	透湿量	热阻	耐磨牢度	胀破强力	拼搭强力	水洗或干洗后外观变化	剥离强度	吸氯泛黄	疵点
机织树脂衬布		●		●	●	●														●	●	●
机织热熔黏合衬布		●		●	●														●	●	●	●
机织树脂黑炭衬布		●		●			●															●
薄型黏合法非织造布　浸渍黏合法非织造布	●		●	●	●			●														
薄型黏合法非织造布　热轧黏合法非织造布	●		●	●	纵向			●														
薄型黏合法非织造布　仿黏法非织造布	●		●		●																	
喷胶棉絮片	●				●				●	●	●											
毛型复合絮片			●		●						●		●	●	●							
金属镀膜复合絮片			●		●						●	●	●	●	●							●

附录十八　常用线材品质检验项目

线材类别	内在品质															外观品质	
	纤维含量	油脂含量	线密度	线密度变异系数	断裂强力	断裂强力变异系数	长度	质量	捻度	捻向	股数	结头	缩水率	起球	染色牢度	疵点	色差
精梳毛针织绒线	●	●	●	●	●		●	●	●					●	●	●	
粗梳毛针织绒线	●	●	●		●			●	●					●	●	●	
精梳毛型化纤针织绒线	●	●	●		●		●	●	●						●	●	
精梳绒线	●	●			●		●	●	●					●	●	●	
棉蜡光缝纫线					●	●	●		●	●	●	●			●	●	●
棉缝纫线					●	●	●		●	●	●	●			●	●	●
涤纶缝纫线					●		●		●	●	●	●			●	●	●
涤棉包芯缝纫线					●	●			●	●	●	●			●	●	●
锦丝缝纫线			●		●	●			●	●	●	●			●	●	●
维纶缝纫线					●		●	●	●	●	●	●			●	●	●
黏胶长丝绣花线					●		●	●	●						●	●	
棉工艺绣花绞线			●		●				●	●					●	●	●
棉绣花线			●		●		●	●	●	●	●	●			●	●	

附录十九 纺织品色牢度测试标准

标准编号及名称	GB/T 2921—2008 纺织品色牢度试验（耐皂洗色牢度）	GB/T5713—1997 纺织品色牢度试验（耐水色牢度）	GB/T5711—1997 纺织品色牢度试验（耐干洗色牢度）
测试原理	纺织品试样与一块或两块规定的贴衬织物缝合在一起，置于皂液或肥皂和无水碳酸钠混合液中，在规定的时间和温度条件下进行机械搅动，再经清洗和干燥。以原样作为参照样，用灰色样卡或仪器评定试样变色和贴衬织物沾色	纺织品试样与一或两块规定的贴衬织物贴合在一起，浸入水中，挤去水分，置于试验装置的两块平板中间，承受规定压力。干燥试样和贴衬织物，用灰色卡评定试样的变色和贴衬织物的沾色	纺织品试样和不锈钢片一起放入棉布袋内，置于全氯乙烯内搅动，然后将试样挤压或离心脱液，在热空气中烘躁，用评定变色用灰色样卡评定试样的变色。试验结束，用透射光将过滤后的溶剂与空白溶剂对照，用评定沾色用灰色样卡评定溶剂的着色
设备和材料	合适的机械装置、天平、机械搅拌器、耐腐蚀的不锈钢珠、加热皂液的装置等	试验装置、烘箱、贴衬织物、灰色色卡、三级水等	合适的机械装置、玻璃或不锈钢容器、耐腐蚀的不锈钢圆片、未染色的棉斜纹布、全氯乙烯、灰色样卡、比色管等
测试条件	<ul><li>光源 人造 D65 光源技术指标 一级：可见范围同色异谱指数 $MI_{vis} < 0.5$（CIELAB）；紫外范围同色异谱指数 $MI_{uv} < 1.0$（CIELAB）；半径圆 $C_a < 0.015$ 二级：可见范围同色异谱指数 $MI_{vis} < 1.0$（CIELAB）；紫外范围同色异谱指数 $MI_{uv} < 2.0$（CIELAB）；半径圆 $C_a < 0.015$ 或： 一级：相关色温 T_c：（6500±200）K；一般显色指数 $R_a > 92$；符合优度 $C_I < 130$ 二级：相关色温 T_c：（6500±300）K；一般显色指数 $R_a > 92$；符合优度 $C_I < 225$</li><li>光照度 一般要求：≥600lx 严格要求：浅色（800±200）lx 　　　　　中色（1100±300）lx 　　　　　深色（1400±300）lx 天然光：晴天北向昼光（9:00~15:00），应避免外界环境物体反射光的影响</li></ul>		
评定方法	评级是以试后样和规定的灰色样卡两者之间以目测对比色差的大小为依据的。灰色样卡分五级和五级九档两种，前者可将试样分为五级（表示无色差）到一级（表示大色差）；后者则在前五级中间各增加半级		

续表

GB/T 16991—2008 纺织品色牢度试验 高温耐人造光色牢度及抗老化性能：氙弧	GB/T 3922—1995 纺织品色牢度试验（耐汗渍色牢度）	GB/T 3920—2008 纺织品色牢度试验（耐摩擦色牢度）	GB/T 6152—1997 纺织品色牢度试验（耐热压色牢度）
1. 耐光色牢度测试：将试样与蓝色羊毛标样在规定条件下置于人造光源下进行暴晒，在受到定量的光照能量后，通过对试样与蓝色羊毛标样或 GB/T 250 所指定的评定变色用灰色样卡进行比较，或者通过 FZ/T 01024 所指定的检测仪器进行评色，评定其耐光变色程度 2. 老化测试：试样应与 6 级蓝色羊毛标样（见 GB/T 8427）一起，在规定条件下，置于人造光源下进行暴晒。将试样用 GB/T 250 中指定的评定变色用灰色样卡对其耐色变色程度进行评级，或者用 FZ/T 01024 中规定的眼神测试仪器对其耐光变色程度进行评级。另对老化特性，如物理性能等，也可进行评估	将纺织品试样与规定的贴衬织物贴合在一起，放在含有组氨酸的两种不同试液中，分别处理后，去除试液，放在试验装置内两块具有规定压力的平板之间，然后将试样和贴衬织物分别干燥。用灰色样卡评定试样的变色和贴衬织物的沾色	将纺织试样分别与一块干摩擦布和一块湿摩擦布摩擦，评定摩擦布沾色程度。耐摩擦色牢度试验仪通过两个可选尺寸的摩擦头提供了两个组合试验条件：一种用于绒类织物；一种用于单色织物或大面积印花织物	干压是将干试样在规定的温度和压力的加热装置中受压一定时间；潮压是将干试样用一块湿的棉贴衬织物覆盖后，在规定温度和压力的加热装置中受压一定时间；湿压是将湿试样用一块湿的棉贴衬织物覆盖后，在规定温度和压力的加热装置中受压一定时间。试验后立即用灰色样卡评定试样的变色和贴衬织物的沾色。然后在符合 GB/T 6151 规定的空气中暴露一段时间后再作评定
蓝色羊毛标样、日晒仪、光源和滤光装置、可监控暴晒条件的辐射计、温度传感器、遮盖物、评定变色用灰色样卡、评级灯、涤纶非织造布等	试验设备、恒温箱、试剂、贴衬织物、灰色样卡等	耐摩擦色牢度试验仪、棉摩擦布、耐水细砂纸、评定沾色用灰卡	加热装置、平滑石棉板、衬垫、未染色、未丝光的漂白棉布、棉贴衬织物、灰色样卡、三级水等

- 照明与观测条件

光线来自于样品上方，照射于样品及样卡表面上的照度要均匀，不均匀率不能超过 20%，不允许有突变

一般情况下，光源的照明与样品表面约成 45°，观察方向接近垂直于样品表面，即相应于 45°照明与观察条件，观察距离 30～40cm

- 环境色

对具有观察箱型标准光源，环境色的要求为：

一级：蒙赛无光中性灰 $N_5 \sim N_6$

二级：蒙赛无光中性灰 $N_5 \sim N_7$

无观察箱，用人造光源进行检验时，应将其他光源遮挡以获得规定的环境色，环境色要求约为蒙赛尔 N_5 的中性灰，相当于评定变色用灰色样卡的 1～2 级，底色为相同的灰色

- 温湿度

在各个试验中，当试样和贴衬织物含水率差异会影响试验结果时，则所有织物应在标准条件下，即温度 20℃，相对湿度 65% 的大气中平衡

附录二十　纺织品尺寸变化测试标准

标准编号及名称	适用性	测试原理	测试器件和条件	结果表示
GB/T 8628—2001 测定织物尺寸变化时的试样准备、标记和测量	适用于测定织物、服装或其他纺织制品	抽取代表纺织品被检批的试样。在每个试样上标记一对基准点，在进行规定处理的前后测量每对基准点之间的距离	量尺或钢尺或玻璃纤维卷尺，能精确标记基准点的用具等	条件：试样按照 GB/T 6529 中规定的预调湿、调湿和试验用的大气条件预调湿：相对湿度 10.0% ~ 25.0%，温度不超过 50℃
FZ/T 01014—1991 纺织品尺寸变化的测定（家用洗衣机法）	适用于评价纺织品经家用洗衣机洗涤后的变化程度	将试样放在波轮式家用洗衣机中，按规定的条件洗涤。洗涤后，脱去多余的水分，干燥。分别测量洗涤前后试样长度方向（经向或纵向）和宽度方向（纬向或横向）标记间的距离	波轮式家用洗衣机、脱水器、滴干或晾干的器材、烘箱、平板压烫机标记、测量装置、陪试织物、标准洗涤剂、水等	调湿及测量:(20±2)℃，(65±2)% 结果表示：
GB/T 8630—2002 纺织品在洗涤和干燥时尺寸变化的测定	适用于测定织物、服装或其他纺织制品	试样在洗涤和干燥前，在规定的标准大气中调湿并测量尺寸，试样干燥后，再次调湿、测量其尺寸，并计算试样的尺寸变化率	按 GB/T 8628 和 GB/T 8629 的有关规定执行	1. 以尺寸变化率(尺寸变化占原始尺寸平均值的百分率)表示，精确至 0.1%
FZ/T 20021—1999 织物经汽蒸后尺寸变化试验方法	适用于机织物、针织物及经汽蒸处理尺寸易变化的织物	测定织物在不受压力情况下，受蒸汽作用后的尺寸变化，该尺寸变化与织物在湿处理中的湿膨胀和毡化收缩有关	套筒式蒸汽仪、针线等	2. 以负号"-"表示尺寸减少(收缩)，以正号"+"表示尺寸增大(伸长)
FZ/T 20009—2006 毛织物缩水率的测定（静态浸水法）	适用于服用和装饰用纯毛、毛混纺和毛型化纤织物	将规定尺寸的试样，经调湿后，在规定条件下测量其标记下尺寸，浸湿，干燥，然后重新调湿并再次测量其尺寸，分别按经向和纬向的浸水前后的尺寸计算尺寸变化	钢尺、细线、台秤等	试样必须在试验用标准大气下调湿和试验
FZ/T 20010—1993 毛织物缩水率的测定（温和式家庭洗涤法）	适用于服用和装饰用纯毛、毛混纺和毛型化纤织物	将规定尺寸的试样，经规定的温和家庭方式洗涤后，按洗涤前后的尺寸，计算经、纬向的尺寸变化，以及试样缝合部位尺寸变化与试样经、纬向尺寸变化的差异	自动洗衣机、钢尺等	

续表

标准编号及名称	适用性	测试原理	测试器件和条件	结果表示
FZ/T 20014—1997 毛织物干热熨烫收缩试验方法	适用于毛与30%及以上常规合成纤维混纺或纯常规合成纤维制成的精梳毛型织物	把规定尺寸的试样，经规定的条件熨烫后，按压烫前后的尺寸，计算经、纬向和面积的尺寸变化	压强为1.5kPa的电熨斗、双层全毛素毯、中间带槽的石棉板、温度计、秒表、直钢尺、针、线等	

附录二十一 纺织品起球测试标准

标准编号及名称	适用性	测试原理	测试器件	测试条件
GB/T 4802.1—2008 织物起毛起球试验（圆轨迹法）	各类纺织织物	按规定方法和试验参数，采用尼龙刷和织物磨料或仅用织物磨料，使试样摩擦起毛起球。然后在规定光照条件下，对起毛起球性能进行视觉描述评定	圆轨迹起球仪、磨料、泡沫塑料垫片、裁样用具、评级箱等	调湿和试验用大气，采用GB/T 6529规定的标准大气
GB/T 4802.2—2008 织物起毛起球试验（改型马丁代尔法）	适用于多数织物，对毛织物更为适宜	在规定的压力下，圆形试样以李莎茹（Lissajous）圆形的轨迹与相同织物或羊毛织物磨料织物进行摩擦。试样能够与试样平面垂直的中心轴自由转动。经规定的摩擦阶段后，采用视觉描述方式评定试样的起毛或起球等级	马丁代尔耐磨试验仪、驱动和基台配置、评级箱等	
GB/T 4802.3—2008 织物起毛起球试验（起球箱法）	适用于多数织物，对毛针织物更为适宜	安装在聚氨酯管上的试样，在具有恒定转速、衬有软木的木箱内任意翻转。经过规定的翻转次数后，对起毛和（或）起球性能进行视觉描述评定。对样品进行的任何特殊处理（例如，水洗、清洁）应经有关方同意，并应在试验报告中说明	起球试验箱、聚氨酯载样管、装样器、PVC胶带（19mm宽）、缝纫机、评级箱等	

附录二十二　纺织品燃烧性能测试标准

标准编号及名称	适用性	测试原理	测试器件	测试条件
GB/T 5454—1997 纺织品燃烧性能试验（氧指数法）	适用于测定各种类型的纺织品（包括单组分或多组分），如机织物、针织物、非织造布、涂层织物、层压织物、复合织物、地毯类等（包括阻燃处理和未经处理）的燃烧性能。本标准仅用于测定在实验室条件下纺织品的燃烧性能，控制产品质量，而不能作为评定实际使用条件下着火危险性的依据，或只能作分析某些特殊用途材料发生火灾时所有因素之一	试样夹于试样夹上，垂直于燃烧筒内，在向上流动的氧氮气流中，点燃试样上端，观察其燃烧特性，并与规定的极限值比较其续燃时间或损毁长度。通过在不同氧浓度中一系列试样的试验，可以测得维持燃烧时氧气百分含量表示的最低氧浓度值，受试样中要有 40%～60% 超过规定的续燃和阻燃时间或损毁长度	燃烧筒、试样夹持器等	温度 10～30℃，相对湿度为 30%～80%
GB/T 5455—1997 纺织品燃烧性能试验（垂直法）	适用于阻燃的机织物、针织物、涂层产品、层压产品等阻燃性能的测定	将一定尺寸的试样置于规定的燃烧器下点燃，测量规定点燃时间后，试样的续燃、阻燃时间和损毁长度	垂直燃烧实验仪、燃烧试验箱等	温度 10～30℃，相对湿度为 30%～80%
GB/T 5456—1997 纺织品燃烧性能（垂直方向试样火焰蔓延性能的测定）	只能用于评定在实验室控制条件下的材料或材料组合接触火焰后的性能。试验结果不适用于供氧不足的场合或在大火中受热时间过长的情况	用规定的点火器所产生的规定点火火焰，按规定点火时间对垂直向纺织试样点火，火焰在试样上蔓延至标记线之间规定距离所用的时间（用 s 计），也可同时观察，测定和记录试样的其他有关火焰蔓延的性能	模板、试样夹持器等	温度 10～30℃，相对湿度为 30%～80%

附录二十三　织物撕破性能测试标准

标准编号及名称	适用性	测试原理	测试器件	测试条件
GB/T 3917.1—2009 撕破强力的测定（冲击摆锤法）	主要适用于机织物，也可适用于其他技术生产的织物，如非织造布等。不适用于针织物、机织弹性织物以及有可能产生撕裂转移的稀疏织物和具有较高各向异性的织物	试样固定在夹具上，将试样切开一个切口，释放处于最大势能位置的摆锤，可动夹具离开固定夹具时，试样沿切口方向被撕裂，把撕破织物一定长度所做的功换算成撕破力	摆锤试验仪、裁剪试样设备等	按照 GB 6529 对应的标准大气预调湿、调湿和试验
GB/T 3917.2—2009 裤形试样（单缝）撕破强力的测定	主要适用于机织物，也可适用于其他技术生产的织物，如非织造布等　不适用于针织物、机织弹性织物以及有可能产生撕裂转移的稀疏织物和具有较高各向异性的织物	夹持裤形试样的两条腿，使试样切口线在上下夹具之间成直线。开动仪器将拉力施加于切口方向，记录直至撕裂到规定长度内的撕破强力，并根据自动绘图装置绘出的曲线上的峰值或通过电子装置计算出撕破强力	等速伸长（CRE）试验仪、夹持装置、裁样装置	
GB/T 3917.3—2009 梯形试样撕破强力的测定	适用于各种机织物和非织造布	在试样上画一个梯形，用强力试验仪的夹钳夹住梯形上两条不平行的边，对试样施加连续增加的力，使撕破沿试样宽度方向传播，测定平均最大撕破力，单位为牛顿	拉伸试验仪、夹钳、样板	

附录二十四　纺织品其他性能测试标准

标准编号及名称	适用性	测试原理	测试器件	测试条件
FZ/T 20022—1999 织物褶裥持久性试验方法	适用毛涤混纺、纯涤纶产品及其他化学定型、树脂整理的产品，不适用纯毛产品	熨烫带有褶裥的织物，模拟家庭洗涤方式洗涤、干燥。将试样放入灯光评级箱与标准样对照进行目测评级	压强为3.92kPa的电熨斗或其他试样条件相同的仪器，200℃温度计一支	试样的预调湿、调湿和试验应在标准大气条件下执行
FZ/T 01045—1996 织物悬垂性试验方法	适用于各类纺织品	将圆形试样置于圆形夹持盘间，用与水平面垂直的平行光线照射，得到试样投影图，通过光电转换计算或描图求得悬垂系数	织物悬垂性测定仪、天平及其他测量、绘图等用具	
FZ/T 70009—1999 毛纺织产品经机洗的松弛及毡化收缩试验方法	适用于可水洗（手洗或机洗）的毛针织物和毛机织类产品	试样经规定的洗涤程序洗涤后，测得洗涤前后的尺寸变化，计算其松弛收缩率、毡化收缩率、总收缩率	织物缩水率试验机、陪试布、直尺、烘箱等	
GB/T 3819—1997 纺织品 织物折痕回复性的测定	适用于各种纺织织物，不适用于特别柔软或极易起卷的织物	一定形状和尺寸的试样，在规定条件下折叠加压，保持一定时间，然后测量折痕回复角，以测得的角度来表示织物的折痕回复能力	折痕回复角测量装置、试样加压装置	
GB/T 4745—1997 纺织物 表面抗湿性测定沾水试验	测定各种已经或未经抗水或拒水整理织物表面抗湿性的沾水试验方法。不适用于测定织物的渗水率，故不能用来预测织物的防雨渗透性	把试样安装在卡环上，并与水平成45°放置，试样中心位于喷嘴下面规定的距离。用规定体积的蒸馏水或去离子水喷淋试样。通过试样外观与评定标准及图片的比较，确定其沾水等级	淋水装置、金属喷嘴等	

标准编号及名称	适用性	测试原理	测试器件	测试条件
GB/T 4744—1997 纺织织物 抗渗水性测定（静水压试验）	主要适用于紧密织物，如帆布、油布、防雨服装布等	以织物承受的静水压来表示水透过织物所遇到的阻力。在标准大气条件下，试样的一面承受一个持续上升的水压，直到三处透水为止，并记录此时的压力，可以从试样的上面或下面施加水压。试样结果与织物在短时间或稍长时间受水压后呈现的性能直接有关	试验用夹紧装置	
FZ/T 70005—2006 毛针织物伸长和回复性能试验方法	具有一定弹性的毛针织物和毛机织物	1. 在机织物的经向或纬向，针织物的直向或横向施加一定的负荷，测定其弹性伸长 2. 在机织物的经向或纬向，针织物的直向或横向施加负荷直至伸长为其弹性伸长的80%，一段时间后去除负荷，在恢复一定时间后，测定其非回复性伸长	等速伸长型拉伸试验机、钢直尺、记号笔或针线等	
GB/T 9995—1997 纺织材料含水率和回潮率的测定（烘箱干燥法）	适用于各种纺织原料及其制品	试样在烘箱中暴露于流动的加热至规定温度的空气中，直至达到恒重。烘燥过程中的全部质量损失都作为水分，并以含水率和回潮率表示	烘箱、称重容器、干燥器、样品容器、天平等	
GB/T 3923.1—1997 纺织品 断裂强度和断裂伸长率的测定（条样法）	适用于机织物、针织物、非织造布、涂层织物及其他类型的纺织织物。不适用于弹性织物、纬平针织物、罗纹织物、土工布、玻璃纤维织物、碳纤维织物和聚烯烃扁丝织物	规定尺寸的试样以恒定伸长速率被拉伸直至断脱，记录断裂伸长及断裂强力，如需要，也可记录断脱强力及断脱伸长率	等速伸长（CRE）试验仪、裁剪试样需要的器具等	

附录二十五　纺织品和服装水洗图形符号

编　号	图形符号	说　明
101	95	最高水温：95℃ 机械运转：常规 甩干或拧干：常规
102	95	最高水温：95℃ 机械运转：缓和 甩干或拧干：小心
103	70	最高水温：70℃ 机械运转：常规 甩干或拧干：常规
104	60	最高水温：60℃ 机械运转：常规 甩干或拧干：常规
105	60	最高水温：60℃ 机械运转：缓和 甩干或拧干：小心
106	50	最高水温：50℃ 机械运转：常规 甩干或拧干：常规
107	50	最高水温：50℃ 机械运转：缓和 甩干或拧干：小心
108	40	最高水温：40℃ 机械运转：常规 甩干或拧干：常规
109	40	最高水温：40℃ 机械运转：缓和 甩干或拧干：小心
110	30	最高水温：30℃ 机械运转：常规 甩干或拧干：常规
111	30	最高水温：30℃ 机械运转：缓和 甩干或拧干：小心
112		手洗，不可机洗，用手轻轻揉搓、冲洗 最高水温：40℃ 洗涤时间：短
113		不可拧干
114		不可水洗

注　洗涤槽中的数字表示洗涤温度（℃），洗涤槽下面的横线表示洗衣机的机械动作须缓和。

附录二十六　纺织品和服装氯漂图形符号

编　号	图形符号	说　明
201	△　△Cl	可以氯漂
202	⧅　⧅Cl	不可氯漂

附录二十七　纺织品和服装熨烫图形符号

编　号	图形符号	说　明
301	⬳ ··· 高	熨斗底板最高温度：200℃
302	⬳ ·· 中	熨斗底板最高温度：150℃
303	⬳ · 低	熨斗底板最高温度：110℃
304	⬳	垫布熨烫
305	⬳	蒸汽熨烫
306	⬳	不可熨烫

注　熨斗中的圆点和"高"、"中"、"低"文字表示熨斗的底板温度（℃）。

附录二十八　纺织品和服装干洗图形符号

编　号	图形符号	说　明
401	○　⃝干洗	常规干洗
402	○　⃝干洗	缓和干洗
403	⊗　⊗干洗	不可干洗

注　图形符号下面的横线，表示干洗机的机械动作须缓和。

附录二十九　纺织品和服装水洗后干燥图形符号

编　号	图形符号	说　明
501	▢○	以正方形和内切正圆表示转笼翻转干燥
502	▢⊗	不可转笼翻转干燥
503	▢ 👕	悬挂晾干
504	▢ 👕	滴干
505	▢ 👕	平摊干燥
506	▢ 👕	平摊阴干

附录三十　日本纺织品和服装使用说明标识

类　别	图形符号	说　明
水洗	○ 95	可用95℃以下的水温机洗
	○ 60	可用60℃以下的水温机洗
	○ 40	可用40℃以下的水温机洗
	○ 弱 40	可用40℃以下的水温、弱水流机洗
	○ 弱 30	可用30℃以下的水温、弱水流机洗
	手洗 30	可用30℃以下的水温、弱水流手洗
	（不可水洗符号）	不可水洗
漂白（盐类）	エンソ サラシ	可用盐类漂白
	エンソ サラシ（划叉）	不可用盐类漂白
熨烫	高	以210℃为限度的高温熨烫
	中	以160℃为限度的中温熨烫
	低	以120℃为限度的低温熨烫
	（划叉熨斗符号）	不可熨烫

续表

类　别	图形符号	说　明
干洗	（⊖ ドライ）	可用干洗方法洗涤，溶剂为全氯乙烯或石油溶剂
	（ドライ セキユ系）	可用干洗方法洗涤，溶剂为石油类
	（⊗ ドライ）	不可干洗
绞干	（ヨ ワ ク）	轻度手绞，机洗时用短时间脱水处理
	⊗	不可绞干
晾干	衣	吊挂晾干
	衣	吊挂阴干
	平	平摊晾干
	平	平摊阴干

附录三十一 美国纺织品和服装使用说明标识

类 别	图形符号	说 明
水洗		可用手洗和洗衣机
干洗		可干洗
		不可干洗
熨烫		可熨烫
		不可熨烫
手洗		可手洗
		不可手洗
漂白	B	可漂白
	B	不可漂白

附录三十二　西欧纺织品和服装使用说明标识

类　别	图形符号	说　明
洗涤		水洗
		不可水洗
漂白		可漂白
		不可漂白
熨烫		可在标定温度下熨烫
		不可熨烫
干洗	ⓟ	——使用四氯乙烯和符号 F 代表的所有溶剂的专业干洗 ——常规干洗
	ⓟ	——使用四氯乙烯和符号 F 代表的所有溶剂的专业干洗 ——缓和干洗
	Ⓕ	——使用碳氢化合类（蒸馏温度在 150～210℃，燃点温度在 38～70℃）专业干洗 ——常规干洗
	Ⓕ	——使用碳氢化合类（蒸馏温度在 150～210℃，燃点温度在 38～70℃）专业干洗 ——缓和干洗
		不可干洗